第一種電気工事士試験問題の分析

学科試験は四肢択一で、一般問題 40 問と配線図 10 問の合計 50 問

試験問題に使用する図記号等は、原則として次の JIS 規格による。
電気用図記号：JIS C 0617 シリーズ
構内電気設備用図記号：JIS C 0303：2000
量記号・単位記号：JIS Z 8000 シリーズ

試験科目と出題数	出題範...
1. 電気に関する基礎理論　　5〜6 問	①電流、電圧、電力及び電気抵抗 ③交流電気の基礎概念　④電気回...
2. 配電理論及び配線設計　　3〜4 問	①配電方式　②電線路　③配線
3. 電気応用　　4〜5 問	照明、電熱及び電動機応用
4. 電気機器、蓄電池、配線器具、電気工事用の材料及び工具並びに受電設備　　10〜12 問	①電気機器、蓄電池及び配線器具の構造、性能及び用途 ②電気工事用の材料の材質及び用途 ③電気工事用の工具の用途 ④受電設備の設計、維持及び運用
5. 電気工事の施工方法　　3〜4 問	①配線工事の方法 ②電気機器、蓄電池及び配線器具の設置工事の方法 ③コード及びキャブタイヤケーブルの取付方法 ④接地工事の方法
6. 自家用電気工作物の検査方法　　5〜6 問	①点検の方法　②導通試験の方法 ③絶縁抵抗測定及び絶縁耐力試験の方法 ④接地抵抗測定の方法　⑤継電器試験の方法 ⑥温度上昇試験の方法　⑦試験用器具の性能及び使用方法
7. 配線図　　10 問	配線図の表示事項及び表示方法
8. 発電施設、送電施設及び変電施設の基礎的な構造及び特性　　2〜3 問	発電施設、送電施設及び変電施設の種類、役割その他の基礎的な事項
9. 一般用電気工作物及び自家用電気工作物の保安に関する法令　　2〜3 問	①電気工事士法、同法施行令及び同法施行規則 ②電気事業法、同法施行令、同法施行規則、電気設備に関する技術基準を定める省令及び電気関係報告規則 ③電気工事業の業務の適正化に関する法律、同法施行令及び同法施行規則 ④電気用品安全法、同法施行令、同法施行規則及び電気用品の技術上の基準を定める省令

令和 5 年度筆記方式【午後】の配線図：①三相誘導電動機を、押しボタンの操作により始動させ、タイマの設定時間で停止させる制御回路、②高圧受電設備の単線結線図
令和 5 年度筆記方式【午前】の配線図：高圧受電設備の単線結線図
令和 4 年度【午後】の配線図：①三相誘導電動機をタイマの設定時間で停止させる制御回路、②高圧受電設備の単純結線図
令和 4 年度【午前】の配線図：高圧受電設備の単線結線図
令和 3 年度【午後】の配線図：高圧受電設備の単線結線図

本書の利用のしかた

◎過去問の攻略が合格への近道

　どんな資格試験の勉強でも、決められた試験範囲をまんべんなく学習することはなかなかできません。試験範囲をやみくもに勉強するよりも、よく問われる頻出分野を学習していく方が効果的です。

　なかでも、最も効果的なのが、過去に出題された問題を解いてみることです。数多くの過去問にあたり、頻出テーマを把握し、それを確実に理解することが合格への近道となります。また、頻出問題を確実に理解することは、のちのち第一種電気工事士として実務を進めていく上でも重要です。

　本書では、過去に公開された試験問題（筆記方式）を5回（令和5〜3年度）分収録していますので、実際の試験に向け、十分な演習ができます。

◎答案用紙を使っての実戦練習

　本書では、実際の第一種電気工事士学科試験（筆記方式）を想定した答案用紙（マークシートで記入）を別冊の巻末に付けています。必要に応じて、コピーしてお使いください。

　問題を解く際には、実際の試験時間（2時間20分）を踏まえ、時間配分を意識しながら、集中して取り組みましょう。

　また、実際の試験は、正しいものを選ぶ問題、誤っているものを選ぶ問題などいろいろな形式で出題されます。日頃から、問題文をよく読んで解答欄をマークすることを心がけましょう。

◎使いやすい解答一覧と別冊の解答・解説

　本書では、解答・解説を別冊としています。別冊を取り外して使うことで、試験問題を見ながら内容を深く理解できます。

　また、本冊の巻末には、答え合わせが簡単にできるように、正答をマークした解答一覧を付けていますので、あわせてご利用ください。

　最後に、読者のみなさんが、本書を十分に活用され、第一種電気工事士試験に合格することを、心よりお祈りいたします。

本書に掲載の問題は、一般財団法人 電気技術者試験センターが作成したものです。

C o n t e n t s

問 題 編

別冊　解答・解説編

凡　例

電技 ………… 電気設備に関する技術基準を定める省令

電技解釈 …… 電気設備の技術基準の解釈

第一種電気工事士 試験ガイダンス

　第一種電気工事士試験は、電気工事の欠陥による災害の発生を防止するために、電気工事士法に基づいて経済産業大臣が行う伝統ある国家資格です。住宅、小規模な店舗等の電気設備の作業に従事することができる「第二種電気工事士」の上級資格にあたり、小規模工場やビル等（最大電力 500kW 未満の需要設備）の電気工事の作業にも従事できます。また、電気の保安・監督を行う「電気主任技術者」の基礎知識なども学ぶことができます。

第一種電気工事士試験について

●試験の概要

　第一種電気工事士試験は、一般財団法人 電気技術者試験センターが地区ごとに実施しています。年齢や学歴などの受験資格はなく、誰でも受験することができます。試験には学科試験と技能試験があり、技能試験は学科試験合格者（または学科試験免除者）のみ受験することができます。

　学科試験の日程は、上期は 4 〜 5 月に CBT 方式で実施されます。下期は 9 〜 10 月に実施され、CBT 方式または筆記方式（午前）のいずれかの受験となります。

●試験結果の発表と合格率

　令和 4 年度より試験日の 2 〜 3 週間後に、Web 上でも合否を確認できるようになり、Web 発表の後、試験結果通知書が送付されます。

　令和 5 年度の第一種電気工事士学科試験の合格率は、61.6％となっています。

一般財団法人　電気技術者試験センター　本部事務局
〒 104-8584　東京都中央区八丁堀 2-9-1　（RBM 東八重洲ビル 8 階）
　　TEL：03-3552-7691
　　URL：https://www.shiken.or.jp/

本書は原則として 2023 年 11 月現在の情報に基づき編集しています。試験に関する情報は変わることがありますので、受験者は試験の最新情報を一般財団法人 電気技術者試験センター等で必ずご自身で確認してください。

第一種電気工事士

令和5 年度【午後】　学科試験問題

試験時間　2 時間 20 分

合格基準点　60 点以上

試験問題に使用する図記号等と国際規格の本試験での取り扱いについて

1. 試験問題に使用する図記号等

　　試験問題に使用される図記号は、原則として「JIS C 0617-1 ～ 13 電気用図記号」及び「JIS C 0303：2000 構内電気設備の配線用図記号」を使用することとします。

2.「電気設備の技術基準の解釈」の適用について

　　「電気設備の技術基準の解釈について」の第 218 条、第 219 条の「国際規格の取り入れ」の条項は本試験には適用しません。

次の各問いには4通りの答え（**イ、ロ、ハ、ニ**）が書いてある。それぞれの問いに対して答えを1つ選びなさい。

なお、選択肢が数値の場合は最も近い値を選びなさい。

図のような鉄心にコイルを巻き付けたエアギャップのある磁気回路の磁束 ϕ を 2×10^{-3} Wb にするために必要な起磁力 F_{m} [A] は。

ただし、鉄心の磁気抵抗 $R_1 = 8 \times 10^5$ H^{-1}、エアギャップの磁気抵抗 $R_2 = 6 \times 10^5$ H^{-1} とする。

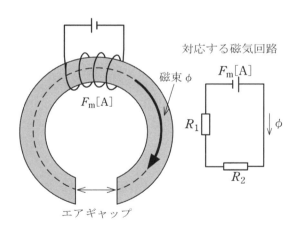

対応する磁気回路

磁束 ϕ

F_{m} [A]

エアギャップ

イ. 1 400

ロ. 2 000

ハ. 2 800

ニ. 3 000

問 2 図のような回路において、抵抗 —▭— は、すべて 2 Ωである。a−b 間の合成抵抗値〔Ω〕は。

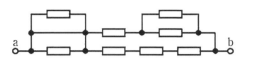

イ. 1　　ロ. 2　　ハ. 3　　ニ. 4

問 3 図のような交流回路において、電源電圧は 120V、抵抗は 8Ω、リアクタンスは 15Ω、回路電流は 17A である。この回路の力率〔%〕は。

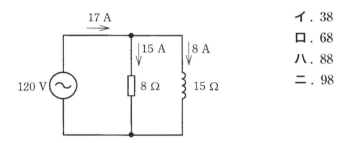

イ. 38
ロ. 68
ハ. 88
ニ. 98

問 4 図のような交流回路において、電源電圧 120V、抵抗 20 Ω、誘導性リアクタンス 10 Ω、容量性リアクタンス 30 Ωである。図に示す回路の電流 I〔A〕は。

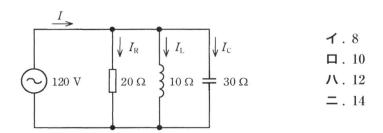

イ. 8
ロ. 10
ハ. 12
ニ. 14

問 5 図のような三相交流回路において、電流 I の値 [A] は。

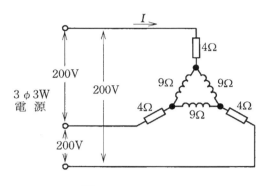

イ. $\dfrac{200\sqrt{3}}{17}$　ロ. $\dfrac{40}{\sqrt{3}}$　ハ. 40　ニ. $40\sqrt{3}$

問 6 図 a のような単相 3 線式電路と、図 b のような単相 2 線式電路がある。図 a の電線 1 線当たりの供給電力は、図 b の電線 1 線当たりの供給電力の何倍か。

ただし、R は定格電圧 V [V] の抵抗負荷であるとする。

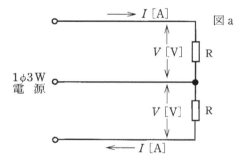

イ. $\dfrac{1}{3}$

ロ. $\dfrac{1}{2}$

ハ. $\dfrac{4}{3}$

ニ. $\dfrac{5}{3}$

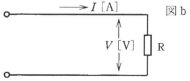

問 7　図のように、三相3線式構内配電線路の末端に、力率0.8（遅れ）の三相負荷がある。この負荷と並列に電力用コンデンサを設置して、線路の力率を1.0に改善した。コンデンサ設置前の線路損失が2.5kWであるとすれば、設置後の線路損失の値［kW］は。

　　ただし、三相負荷の負荷電圧は一定とする。

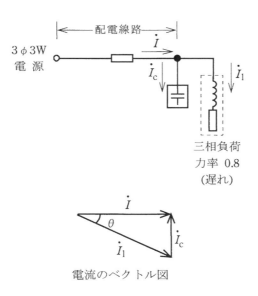

三相負荷
力率 0.8
（遅れ）

電流のベクトル図

イ．0
ロ．1.6
ハ．2.4
ニ．2.8

図のように、配電用変電所の変圧器の百分率インピーダンスは21%（定格容量 30MV・A 基準）、変電所から電源側の百分率インピーダンスは2%（系統基準容量 10MV・A）、高圧配電線の百分率インピーダンスは3%（基準容量 10MV・A）である。高圧需要家の受電点（A 点）から電源側の合成百分率インピーダンスは基準容量 10MV・A でいくらか。

ただし、百分率インピーダンスの百分率抵抗と百分率リアクタンスの比は、いずれも等しいとする。

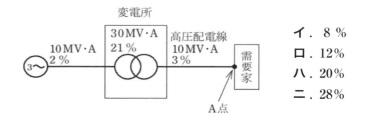

イ．8 ％

ロ．12%

ハ．20%

ニ．28%

図のように、直列リアクトルを設けた高圧進相コンデンサがある。この回路の無効電力（設備容量）［var］を示す式は。

ただし、$X_L < X_C$ とする。

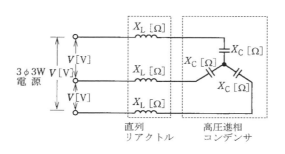

イ．$\dfrac{V^2}{X_C - X_L}$

ロ．$\dfrac{V^2}{X_C + X_L}$

ハ．$\dfrac{X_C V}{X_C - X_L}$

ニ．$\dfrac{V}{X_C - X_L}$

問 10 図において、一般用低圧三相かご形誘導電動機の回転速度に対するトルク曲線は。

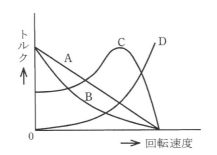

イ．A
ロ．B
ハ．C
ニ．D

問 11 変圧器の鉄損に関する記述として、**正しいものは**。

イ．一次電圧が高くなると鉄損は増加する。
ロ．鉄損はうず電流損より小さい。
ハ．鉄損はヒステリシス損より小さい。
ニ．電源の周波数が変化しても鉄損は一定である。

問 12 「日本産業規格（JIS）」では照明設計基準の一つとして、維持照度の推奨値を示している。同規格で示す学校の教室（机上面）における維持照度の推奨値 [lx] は。

イ．30　　ロ．300　　ハ．900　　ニ．1 300

問 13 りん酸形燃料電池の発電原理図として、**正しいものは**。

イ．

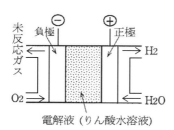

ロ．

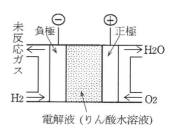

ハ．

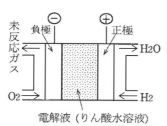

ニ．

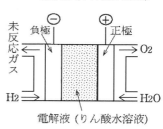

問 14 写真に示すものの名称は。

イ．金属ダクト
ロ．バスダクト
ハ．トロリーバス
　　ダクト
ニ．銅帯

問 15　写真に示す雷保護用として施設される機器の名称は。

イ．地絡継電器

ロ．漏電遮断器

ハ．漏電監視装置

ニ．サージ防護デバイス（SPD）

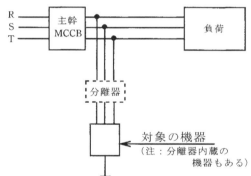

問 16 図に示す発電方式の名称で、**最も適切なものは**。

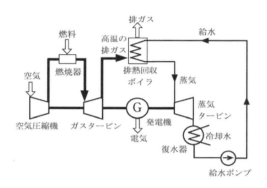

イ．熱併給発電
（コージェネ
レーション）
ロ．燃料電池発電
ハ．スターリング
エンジン発電
ニ．コンバインド
サイクル発電

問 17 有効落差 100m、使用水量 $20\mathrm{m^3/s}$ の水力発電所の発電機出力
［MW］は。
ただし、水車と発電機の総合効率は 85% とする。

イ．1.9
ロ．12.7
ハ．16.7
ニ．18.7

問 18 高圧ケーブルの電力損失として、**該当しないものは**。

イ．抵抗損
ロ．誘電損
ハ．シース損
ニ．鉄損

問 19 同一容量の単相変圧器を並行運転するための条件として、**必要でないものは**。

イ．各変圧器の極性を一致させて結線すること。
ロ．各変圧器の変圧比が等しいこと。
ハ．各変圧器のインピーダンス電圧が等しいこと。
ニ．各変圧器の効率が等しいこと。

問 20 次の機器のうち、高頻度開閉を目的に使用されるものは。

イ．高圧断路器　　　　　　　ロ．高圧交流負荷開閉器
ハ．高圧交流真空電磁接触器　ニ．高圧交流遮断器

問 21 B 種接地工事の接地抵抗値を求めるのに**必要とするものは**。

イ．変圧器の高圧側電路の 1 線地絡電流 ［A］
ロ．変圧器の容量 ［kV・A］
ハ．変圧器の高圧側ヒューズの定格電流 ［A］
ニ．変圧器の低圧側電路の長さ ［m］

問 22 写真に示す機器の用途は。

イ．高電圧を低電圧に変圧する。
ロ．大電流を小電流に変流する。
ハ．零相電圧を検出する。
ニ．コンデンサ回路投入時の突入電流
　　を抑制する。

問 23 　写真に示す過電流蓄勢トリップ付地絡トリップ形（SOG）の地絡継電装置付高圧交流負荷開閉器（GR 付 PAS）の記述として、**誤っているものは**。

イ．一般送配電事業者の配電線への波及事故の防止に効果がある。

ロ．自家用側の高圧電路に地絡事故が発生したとき、一般送配電事業者の配電線を停止させることなく、自動遮断する。

ハ．自家用側の高圧電路に短絡事故が発生したとき、一般送配電事業者の配電線を停止させることなく、自動遮断する。

ニ．自家用側の高圧電路に短絡事故が発生したとき、一般送配電事業者の配電線を一時停止させることがあるが、配電線の復旧を早期に行うことができる。

問 24 引込柱の支線工事に使用する材料の組合せとして、**正しいもの**は。

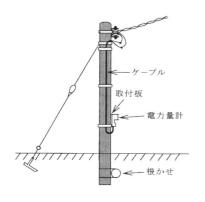

イ．亜鉛めっき鋼より線、玉がいし、アンカ

ロ．耐張クランプ、巻付グリップ、スリーブ

ハ．耐張クランプ、玉がいし、亜鉛めっき鋼より線

ニ．巻付グリップ、スリーブ、アンカ

問 25 写真に示す材料の名称は。

イ．ボードアンカ

ロ．インサート

ハ．ボルト形コネクタ

ニ．ユニバーサルエルボ

写真の器具の使用方法の記述として、**正しいものは**。

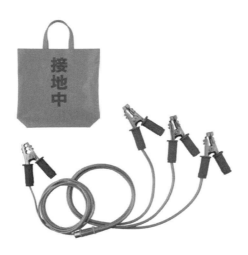

イ．墜落制止用器具の一種で高所作業時に使用する。

ロ．高圧受電設備の工事や点検時に使用し、誤送電による感電事故の防止に使用する。

ハ．リレー試験時に使用し、各所のリレーに接続する。

ニ．変圧器等の重量物を吊り下げ運搬、揚重に使用する。

 自家用電気工作物において、低圧の幹線から分岐して、水気のない場所に施設する低圧用の電気機械器具に至る低圧分岐回路を設置する場合において、**不適切なものは**。

イ．低圧分岐回路の適切な箇所に開閉器を施設した。

ロ．低圧分岐回路に過電流が生じた場合に幹線を保護できるよう、幹線にのみ過電流遮断器を施設した。

ハ．低圧分岐回路に、<PS>E の表示のある漏電遮断器（定格感度電流が 15mA 以下、動作時間が 0.1 秒以下の電流動作型の

ものに限る。）を施設した。

ニ．低圧分岐回路は、他の配線等との混触による火災のおそれが
　　ないよう施設した。

 問 28　合成樹脂管工事に**使用できない**絶縁電線の種類は。

イ．600V ビニル絶縁電線

ロ．600V 二種ビニル絶縁電線

ハ．600V 耐燃性ポリエチレン絶縁電線

ニ．屋外用ビニル絶縁電線

 問 29　低圧配線と弱電流電線とが接近又は交差する場合、又は同一
ボックスに収める場合の施工方法として、**誤っているものは**。

イ．埋込形コンセントを収める合成樹脂製ボックス内に、ケーブ
　　ルと弱電流電線との接触を防ぐため堅ろうな隔壁を設けた。

ロ．低圧配線を金属管工事で施設し、弱電流電線と同一の金属製
　　ボックスに収めた場合、ボックス内に堅ろうな隔壁を設け、
　　金属製部分には D 種接地工事を施した。

ハ．低圧配線を金属ダクト工事で施設し、弱電流電線と同一ダク
　　トで施設する場合、ダクト内に堅ろうな隔壁を設け、金属製
　　部分には C 種接地工事を施した。

ニ．絶縁電線と同等の絶縁効力があるケーブルを使用したリモコ
　　ンスイッチ用弱電流電線（識別が容易にできるもの）を、低
　　圧配線と同一の配管に収めて施設した。

問い30から問い34までは、下の図に関する問いである。

　図は、自家用電気工作物構内の受電設備を表した図である。この図に関する各問いには、4通りの答え（**イ**、**ロ**、**ハ**、**ニ**）が書いてある。それぞれの問いに対して、答えを1つ選びなさい。

　〔注〕図において、問いに直接関係のない部分等は、省略又は簡略化してある。

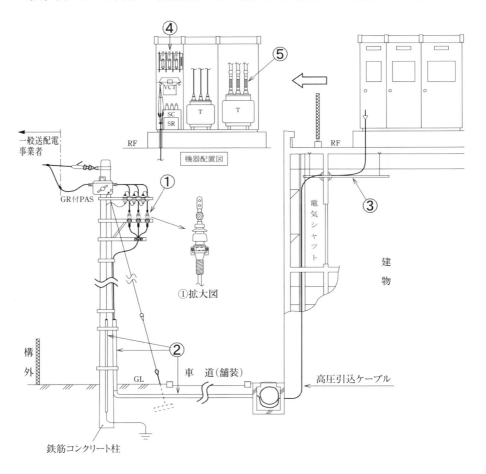

問 30　①に示す CVT ケーブルの終端接続部の名称は。

イ．耐塩害屋外終端接続部
ロ．ゴムとう管形屋外終端接続部
ハ．ゴムストレスコーン形屋外終端接続部
ニ．テープ巻形屋外終端接続部

問 31　②に示す引込柱及び引込ケーブルの施工に関する記述として、**不適切なものは**。

イ．引込ケーブル立ち上がり部分を防護するため、地表からの高さ 2m、地表下 0.2m の範囲に防護管（鋼管）を施設し、雨水の浸入を防止する措置を行った。
ロ．引込ケーブルの地中埋設部分は、需要設備構内であるので、「電力ケーブルの地中埋設の施工方法（JIS C 3653）」に適合する材料を使用し、舗装下面から 30cm 以上の深さに埋設した。
ハ．地中引込ケーブルは、鋼管による管路式としたが、鋼管に防食措置を施してあるので地中電線を収める鋼管の金属製部分の接地工事を省略した。
ニ．引込柱に設置した避雷器を接地するため、接地極からの電線を薄鋼電線管に収めて施設した。

問 32　③に示すケーブルラックの施工に関する記述として、**誤っているものは**。

イ．長さ 3m、床上 2.1m の高さに設置したケーブルラックを乾燥した場所に施設し、A 種接地工事を省略した。

ロ．ケーブルラック上の高圧ケーブルと弱電流電線を 15cm 離隔して施設した。

ハ．ケーブルラック上の高圧ケーブルの支持点間の距離を、ケーブルが移動しない距離で施設した。

ニ．電気シャフトの防火壁のケーブルラック貫通部に防火措置を施した。

問 33　④に示す PF・S 形の主遮断装置として、**必要でないものは**。

イ．過電流ロック機能
ロ．ストライカによる引外し装置
ハ．相間、側面の絶縁バリア
ニ．高圧限流ヒューズ

問 34　⑤に示す可とう導体を使用した施設に関する記述として、**不適切なものは**。

イ．可とう導体を使用する主目的は、低圧母線に銅帯を使用したとき、過大な外力によりブッシングやがいし等の損傷を防止しようとするものである。

ロ．可とう導体には、地震による外力等によって、母線が短絡等を起こさないよう、十分な余裕と絶縁セパレータを施設する等の対策が重要である。

ハ．可とう導体は、低圧電路の短絡等によって、母線に異常な過電流が流れたとき、限流作用によって、母線や変圧器の損傷を防止できる。

ニ．可とう導体は、防振装置との組合せ設置により、変圧器の振動による騒音を軽減することができる。ただし、地震による機器等の損傷を防止するためには、耐震ストッパの施設と併せて考慮する必要がある。

 問 35 「電気設備の技術基準の解釈」において、D 種接地工事に関する記述として、**誤っているものは**。

イ．D 種接地工事を施す金属体と大地との間の電気抵抗値が 10 Ω以下でなければ、D 種接地工事を施したものとみなされない。

ロ．接地抵抗値は、低圧電路において、地絡を生じた場合に 0.5 秒以内に当該電路を自動的に遮断する装置を施設するときは、500 Ω以下であること。

ハ．接地抵抗値は、100 Ω以下であること。

ニ．接地線は故障の際に流れる電流を安全に通じることができるものであること。

 問 36 公称電圧 6.6kV の交流電路に使用するケーブルの絶縁耐力試験を直流電圧で行う場合の試験電圧 [V] の計算式は。

イ．$6\,600 \times 1.5 \times 2$

ロ．$6\,600 \times \dfrac{1.15}{1.1} \times 1.5 \times 2$

ハ．$6\,600 \times 2 \times 2$

ニ．$6\,600 \times \dfrac{1.15}{1.1} \times 2 \times 2$

問 37 変圧器の絶縁油の劣化診断に直接関係のないものは。

イ．油中ガス分析
ロ．真空度測定
ハ．絶縁耐力試験
ニ．酸価度試験（全酸価試験）

問 38 「電気工事士法」において、電圧 600V 以下で使用する自家用電気工作物に係る電気工事の作業のうち、第一種電気工事士又は認定電気工事従事者でなくても従事できるものは。

イ．ダクトに電線を収める作業
ロ．電線管を曲げ、電線管相互を接続する作業
ハ．金属製の線ぴを、建造物の金属板張りの部分に取り付ける作業
ニ．電気機器に電線を接続する作業

問 39 「電気用品安全法」において、交流の電路に使用する定格電圧 100V 以上 300V 以下の機械器具であって、特定電気用品は。

イ．定格電圧 100V、定格電流 60A の配線用遮断器
ロ．定格電圧 100V、定格出力 0.4kW の単相電動機
ハ．定格静電容量 100μF の進相コンデンサ
ニ．定格電流 30A の電力量計

問 40 「電気工事業の業務の適正化に関する法律」において、**正しいものは。**

イ．電気工事士は、電気工事業者の監督の下で、「電気用品安全法」の表示が付されていない電気用品を電気工事に使用することができる。

ロ．電気工事業者が、電気工事の施工場所に二日間で完了する工事予定であったため、代表者の氏名等を記載した標識を掲げなかった。

ハ．電気工事業者が、電気工事ごとに配線図等を帳簿に記載し、3年経ったので廃棄した。

ニ．一般用電気工事の作業に従事する者は、主任電気工事士がその職務を行うため必要があると認めてする指示に従わなければならない。

② 配線図 1

問題数 5問　　配点 各2点

図は、三相誘導電動機を、押しボタンの操作により始動させ、タイマの設定時間で停止させる制御回路である。この図の矢印で示す5箇所に関する各問いには、4通りの答え（**イ、ロ、ハ、ニ**）が書いてある。それぞれの問いに対して、答えを1つ選びなさい。

〔注〕　図において、問いに直接関係のない部分等は、省略又は簡略化してある。

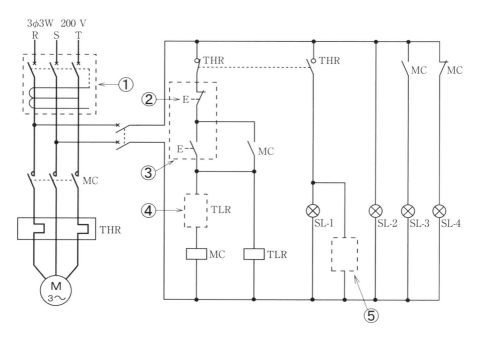

問 41

①の部分に設置する機器は。

イ．配線用遮断器
ロ．電磁接触器
ハ．電磁開閉器
ニ．漏電遮断器（過負荷保護付）

問 42

②で示す図記号の接点の機能は。

イ．手動操作手動復帰
ロ．自動操作手動復帰
ハ．手動操作自動復帰
ニ．限時動作自動復帰

問 43

③で示す機器は。

イ．

ロ．

ハ．

ニ．

解答・解説▶別冊 p.20

問 44　④で示す部分に使用される接点の図記号は。

イ. 　　　ロ. 　　　ハ. 　　　ニ.

 問 45　⑤で示す部分に使用されるブザーの図記号は。

イ. 　　　ロ. 　　　ハ. 　　　ニ.

③ 配線図2

問題数	配点
5問	各2点

図は、高圧受電設備の単線結線図である。この図の矢印で示す5箇所に関する各問いには、4通りの答え（イ、ロ、ハ、ニ）が書いてある。それぞれの問いに対して、答えを1つ選びなさい。

〔注〕 図において、問いに直接関係のない部分等は、省略又は簡略化してある。

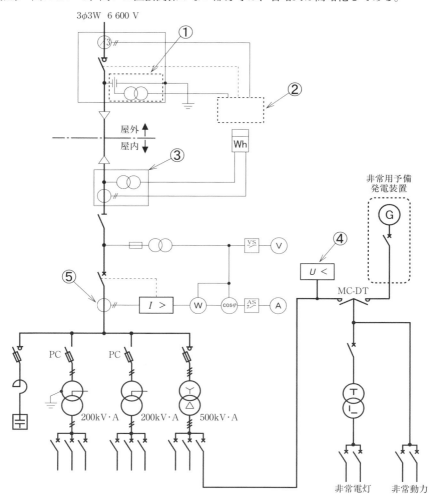

問 46 ①で示す機器を設置する目的として、**正しいものは**。

イ．零相電流を検出する。
ロ．零相電圧を検出する。
ハ．計器用の電流を検出する。
ニ．計器用の電圧を検出する。

問 47 ②に設置する機器の図記号は。

イ．
$$\boxed{I \fallingdotseq >}$$

ロ．
$$\boxed{I \fallingdotseq <}$$

ハ．
$$\boxed{I \ <}$$

ニ．
$$\boxed{I \fallingdotseq >}$$

問 48 ③に示す機器と文字記号（略号）の組合せで、**正しいものは**。

イ．

VCT

ロ．

PAS

ハ．

VCT

ニ．

VCB

問 49

④で示す機器は。

イ．不足電力継電器
ロ．不足電圧継電器
ハ．過電流継電器
ニ．過電圧継電器

問 50

⑤で示す部分に設置する機器と個数は。

イ．

1 個

ロ．

1 個

ハ．

2 個

ニ．

2 個

解答・解説▶別冊 p.22 ～ 23　　31

memo

第一種電気工事士

令和5年度【午前】 学科試験問題

試験時間　2時間20分

合格基準点　60点以上

試験問題に使用する図記号等と国際規格の本試験での取り扱いについて

1. 試験問題に使用する図記号等

　　試験問題に使用される図記号は、原則として「JIS C 0617-1 〜 13 電気用図記号」及び「JIS C 0303：2000 構内電気設備の配線用図記号」を使用することとします。

2.「電気設備の技術基準の解釈」の適用について

　　「電気設備の技術基準の解釈について」の第 218 条、第 219 条の「国際規格の取り入れ」の条項は本試験には適用しません。

解 答 一 覧　➡　p.139
答 案 用 紙　➡　別冊 p.104
解答・解説　➡　別冊 p.24

① 一般問題

問題数 40問　配点 各2点

次の各問いには4通りの答え（**イ、ロ、ハ、ニ**）が書いてある。それぞれの問いに対して答えを1つ選びなさい。
なお、選択肢が数値の場合は最も近い値を選びなさい。

問 1　図のような直流回路において、電源電圧20V、$R = 2\,\Omega$、$L = 4\mathrm{mH}$ 及び $C = 2\mathrm{mF}$ で、R と L に電流 10A が流れている。L に蓄えられているエネルギー W_{L}〔J〕の値と、C に蓄えられているエネルギー W_{C}〔J〕の値の組合せとして、**正しいものは**。

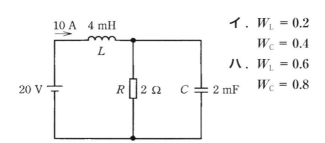

イ．$W_{\mathrm{L}} = 0.2$
　　$W_{\mathrm{C}} = 0.4$

ロ．$W_{\mathrm{L}} = 0.4$
　　$W_{\mathrm{C}} = 0.2$

ハ．$W_{\mathrm{L}} = 0.6$
　　$W_{\mathrm{C}} = 0.8$

ニ．$W_{\mathrm{L}} = 0.8$
　　$W_{\mathrm{C}} = 0.6$

問 2　図のような直流回路において、抵抗 $3\,\Omega$ には 4A の電流が流れている。抵抗 R における消費電力〔W〕は。

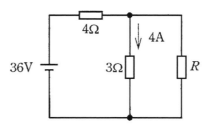

イ．6　　**ロ**．12　　**ハ**．24　　**ニ**．36

問 3 　図のような交流回路において、抵抗 12 Ω、リアクタンス 16 Ω、電源電圧は 96V である。この回路の皮相電力［V・A］は。

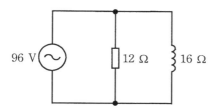

イ．576

ロ．768

ハ．960

ニ．1 344

問 4 　図のような交流回路において、電流 $I = 10A$、抵抗 R における消費電力は 800W、誘導性リアクタンス $X_L = 16$ Ω、容量性リアクタンス $X_C = 10$ Ω である。この回路の電源電圧 V［V］は。

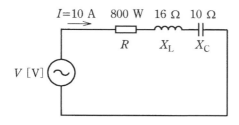

イ．80

ロ．100

ハ．120

ニ．200

図のような三相交流回路において、電源電圧は 200V、抵抗は 8 Ω、リアクタンスは 6 Ω である。この回路に関して**誤っている**ものは。

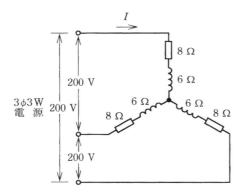

イ．1相当たりのインピーダンスは、10 Ω である。

ロ．線電流 I は、10A である。

ハ．回路の消費電力は、3 200W である。

ニ．回路の無効電力は、2 400var である。

図のような、三相3線式配電線路で、受電端電圧が 6 700V、負荷電流が 20A、深夜で軽負荷のため力率が 0.9（進み力率）のとき、配電線路の送電端の線間電圧［V］は。

ただし、配電線路の抵抗は 1 線当たり 0.8Ω、リアクタンスは 1.0Ω であるとする。

なお、$\cos\theta = 0.9$ のとき $\sin\theta = 0.436$ であるとし、適切な近似式を用いるものとする。

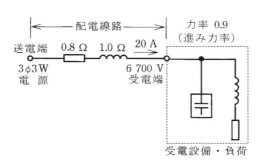

イ．6 700

ロ．6 710

ハ．6 800

ニ．6 900

問 7 　図のような単相 3 線式電路（電源電圧 210/105V）において、抵抗負荷 A 50Ω、B 25Ω、C 20Ω を使用中に、図中の ✕ 印点 P で中性線が断線した。断線後の抵抗負荷 A に加わる電圧 [V] は。ただし、どの配線用遮断器も動作しなかったとする。

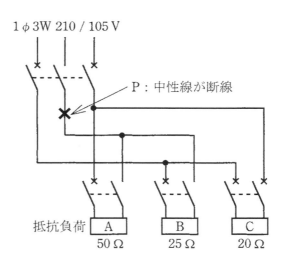

1φ3W 210 / 105 V

P：中性線が断線

抵抗負荷 　A 　　　B 　　　C
　　　　50 Ω 　　25 Ω 　　20 Ω

イ. 0 　　ロ. 60 　　ハ. 140 　　ニ. 210

問 8 　図のように、変圧比が 6 300/210V の単相変圧器の二次側に抵抗負荷が接続され、その負荷電流は 300A であった。このとき、変圧器の一次側に設置された変流器の二次側に流れる電流 I[A]は。ただし変流器の変流比は 20/5A とし、負荷抵抗以外のインピーダンスは無視する。

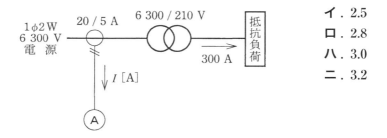

1φ2W
6 300 V
電　源

20 / 5 A

6 300 / 210 V

抵抗負荷

300 A

I [A]

Ⓐ

イ. 2.5
ロ. 2.8
ハ. 3.0
ニ. 3.2

問 9　　図のように、三相3線式高圧配電線路の末端に、負荷容量 100kV・A（遅れ力率 0.8）の負荷 A と、負荷容量 50kV・A（遅れ力率 0.6）の負荷 B に受電している需要家がある。

　　需要家全体の合成力率（受電端における力率）を 1 にするために必要な力率改善用コンデンサ設備の容量［kvar］は。

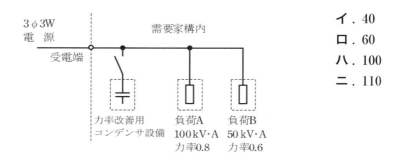

イ．40

ロ．60

ハ．100

ニ．110

　　巻上荷重 W［kN］の物体を毎秒 v［m］の速度で巻き上げているとき、この巻上用電動機の出力［kW］を示す式は。

　　ただし、巻上機の効率は η［％］であるとする。

イ．$\dfrac{100\,W \cdot v}{\eta}$　　　　　ロ．$\dfrac{100\,W \cdot v^2}{\eta}$

ハ．$100\,\eta\,W \cdot v$　　　　ニ．$100\,\eta\,W^2 \cdot v^2$

問 11　　同容量の単相変圧器 2 台を V 結線し、三相負荷に電力を供給する場合の変圧器 1 台当たりの最大の利用率は。

イ．$\dfrac{1}{2}$　　　ロ．$\dfrac{\sqrt{2}}{2}$　　　ハ．$\dfrac{\sqrt{3}}{2}$　　　ニ．$\dfrac{2}{\sqrt{3}}$

問 12 　照度に関する記述として、**正しいものは**。

イ．被照面に当たる光束を一定としたとき、被照面が黒色の場合
　　の照度は、白色の場合の照度より小さい。

ロ．屋内照明では、光源から出る光束が 2 倍になると、照度は 4
　　倍になる。

ハ．$1m^2$ の被照面に 1 lm の光束が当たっているときの照度が 1
　　lx である。

ニ．光源から出る光度を一定としたとき、光源から被照面までの
　　距離が 2 倍になると、照度は $\dfrac{1}{2}$ 倍になる。

問 13 　りん酸形燃料電池の発電原理図として、**正しいものは**。

イ．

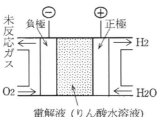

電解液（りん酸水溶液）

ロ．

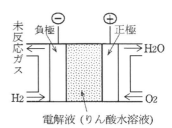

電解液（りん酸水溶液）

ハ．

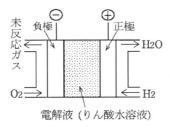

電解液（りん酸水溶液）

ニ．

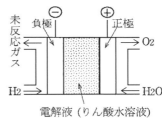

電解液（りん酸水溶液）

問 14 写真に示す品物が一般的に使用される場所は。

イ．低温室露出場所
ロ．防爆室露出場所
ハ．フリーアクセスフロア
　　内隠ぺい場所
ニ．天井内隠ぺい場所

問 15 低圧電路で地絡が生じたときに、自動的に電路を遮断するものは。

イ．

ロ．

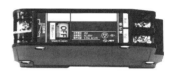

ハ．

ニ．

問 16 コージェネレーションシステムに関する記述として、**最も適切なものは**。

イ．受電した電気と常時連系した発電システム
ロ．電気と熱を併せ供給する発電システム
ハ．深夜電力を利用した発電システム
ニ．電気集じん装置を利用した発電システム

問 17 風力発電に関する記述として、**誤っているものは**。

イ．風力発電装置は、風速等の自然条件の変化により発電出力の変動が大きい。
ロ．一般に使用されているプロペラ形風車は、垂直軸形風車である。
ハ．風力発電装置は、風の運動エネルギーを電気エネルギーに変換する装置である。
ニ．プロペラ形風車は、一般に風速によって翼の角度を変えるなど風の強弱に合わせて出力を調整することができる。

問 18 単導体方式と比較して、多導体方式を採用した架空送電線路の特徴として、**誤っているものは**。

イ．電流容量が大きく、送電容量が増加する。
ロ．電線表面の電位の傾きが下がり、コロナ放電が発生しやすい。
ハ．電線のインダクタンスが減少する。
ニ．電線の静電容量が増加する。

問 19　高調波に関する記述として、**誤っているものは**。

イ．電力系統の電圧、電流に含まれる高調波は、第 5 次、第 7 次などの比較的周波数の低い成分が大半である。

ロ．インバータは高調波の発生源にならない。

ハ．高圧進相コンデンサには高調波対策として、直列リアクトルを設置することが望ましい。

ニ．高調波は、電動機に過熱などの影響を与えることがある。

問 20　高圧受電設備における遮断器と断路器の記述に関して、**誤っているものは**。

イ．断路器が閉の状態で、遮断器を開にする操作を行った。

ロ．断路器が閉の状態で、遮断器を閉にする操作を行った。

ハ．遮断器が閉の状態で、負荷電流が流れているとき、断路器を開にする操作を行った。

ニ．断路器を、開路状態において自然に閉路するおそれがないように施設した。

問 21　次の文章は、「電気設備の技術基準」で定義されている調相設備についての記述である。「調相設備とは、□□□□□を調整する電気機械器具をいう。」

　　上記の空欄にあてはまる語句として、**正しいものは**。

イ．受電電力　　ロ．最大電力　　ハ．無効電力　　ニ．皮相電力

問 22 写真に示す機器の名称は。

イ．電力需給用計器用変成器
ロ．高圧交流負荷開閉器
ハ．三相変圧器
ニ．直列リアクトル

問 23 写真に示す機器の文字記号（略号）は。

イ．DS
ロ．PAS
ハ．LBS
ニ．VCB

 **問 24** 600V ビニル絶縁電線の許容電流（連続使用時）に関する記述
として、**適切なものは**。

イ．電流による発熱により、電線の絶縁物が著しい劣化をきたさ
　　ないようにするための限界の電流値。
ロ．電流による発熱により、絶縁物の温度が 80℃ となる時の電
　　流値。
ハ．電流による発熱により、電線が溶断する時の電流値。
ニ．電圧降下を許容範囲に収めるための最大の電流値。

 問 25 写真はシーリングフィッチングの外観で、図は防爆工事のシー
リングフィッチングの施設例である。①の部分に使用する材料の
名称は。

イ．シリコンコーキング
ロ．耐火パテ
ハ．シーリングコンパウンド
ニ．ボンドコーキング

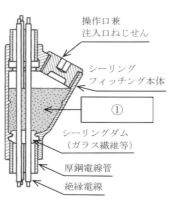

操作口兼
注入口ねじせん

シーリング
フィッチング本体

①

シーリングダム
（ガラス繊維等）

厚鋼電線管

絶縁電線

問 26 次に示す工具と材料の組合せで、**誤っているものは**。

	工具	材料
イ		 材料
ロ		
ハ		
ニ	 黄色	

問 27 低圧又は高圧架空電線の高さの記述として、**不適切なものは**。

イ．高圧架空電線が道路（車両の往来がまれであるもの及び歩行の用にのみ供される部分を除く。）を横断する場合は、路面上 5m 以上とする。

ロ．低圧架空電線を横断歩道橋の上に施設する場合は、横断歩道橋の路面上 3m 以上とする。

ハ．高圧架空電線を横断歩道橋の上に施設する場合は、横断歩道橋の路面上 3.5m 以上とする。

ニ．屋外照明用であって、ケーブルを使用し対地電圧 150V 以下の低圧架空電線を交通に支障のないよう施設する場合は、地表上 4m 以上とする。

問 28 合成樹脂管工事に使用できない絶縁電線の種類は。

イ．600V ビニル絶縁電線

ロ．600V 二種ビニル絶縁電線

ハ．600V 耐燃性ポリエチレン絶縁電線

ニ．屋外用ビニル絶縁電線

問 29 可燃性ガスが存在する場所に低圧屋内電気設備を施設する施工方法として、**不適切なものは**。

イ．スイッチ、コンセントは、電気機械器具防爆構造規格に適合するものを使用した。

ロ．可搬形機器の移動電線には、接続点のない 3 種クロロプレンキャブタイヤケーブルを使用した。

ハ．金属管工事により施工し、厚鋼電線管を使用した。

ニ．金属管工事により施工し、電動機の端子箱との可とう性を必要とする接続部に金属製可とう電線管を使用した。

問い30から問い34までは、下の図に関する問いである。

　図は、自家用電気工作物構内の受電設備を表した図である。この図に関する各問いには、4通りの答え（**イ、ロ、ハ、ニ**）が書いてある。それぞれの問いに対して、答えを1つ選びなさい。

　〔注〕　図において、問いに直接関係のない部分等は、省略又は簡略化してある。

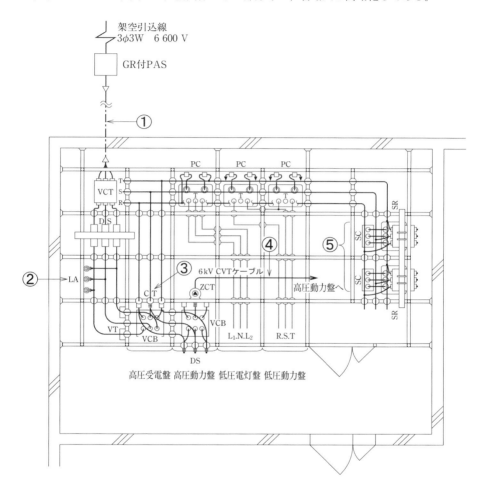

 **問 30**　①に示す高圧引込ケーブルに関する施工方法等で、**不適切なものは**。

イ．ケーブルには、トリプレックス形 6 600V 架橋ポリエチレン絶縁ビニルシースケーブルを使用して施工した。

ロ．施設場所が重汚損を受けるおそれのある塩害地区なので、屋外部分の終端処理はゴムとう管形屋外終端処理とした。

ハ．電線の太さは、受電する電流、短時間耐電流などを考慮し、一般送配電事業者と協議して選定した。

ニ．ケーブルの引込口は、水の浸入を防止するためケーブルの太さ、種類に適合した防水処理を施した。

 **問 31**　②に示す避雷器の設置に関する記述として、**不適切なものは**。

イ．受電電力が 500kW 未満の需要場所では避雷器の設置義務はないが、雷害の多い地区であり、電路が架空電線路に接続されているので、引込口の近くに避雷器を設置した。

ロ．保安上必要なため、避雷器には電路から切り離せるように断路器を施設した。

ハ．避雷器の接地は A 種接地工事とし、サージインピーダンスをできるだけ低くするため、接地線を太く短くした。

ニ．避雷器には電路を保護するため、その電源側に限流ヒューズを施設した。

問 32 ③に示す機器（CT）に関する記述として、**不適切なものは**。

イ．CT には定格負担（単位［V・A］）が定められており、計器類の皮相電力［V・A］、二次側電路の損失などの皮相電力［V・A］の総和以上のものを選定した。

ロ．CT の二次側電路に、電路の保護のため定格電流 5A のヒューズを設けた。

ハ．CT の二次側に、過電流継電器と電流計を接続した。

ニ．CT の二次側電路に、D 種接地工事を施した。

問 33 ④に示す高圧ケーブル内で地絡が発生した場合、確実に地絡事故を検出できるケーブルシールドの接地方法として、**正しいものは**。

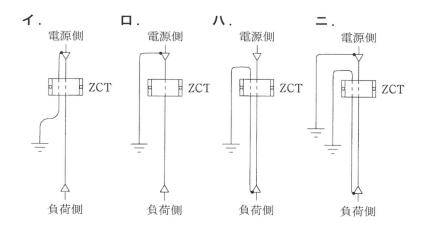

イ． ロ． ハ． ニ．

問 34　⑤に示す高圧進相コンデンサ設備は、自動力率調整装置によって自動的に力率調整を行うものである。この設備に関する記述として、**不適切なものは**。

イ．負荷の力率変動に対してできるだけ最適な調整を行うよう、コンデンサは異容量の 2 群構成とした。
ロ．開閉装置は、開閉能力に優れ自動で開閉できる、高圧交流真空電磁接触器を使用した。
ハ．進相コンデンサの一次側には、限流ヒューズを設けた。
ニ．進相コンデンサに、コンデンサリアクタンスの 5% の直列リアクトルを設けた。

問 35　「電気設備の技術基準の解釈」では、C 種接地工事について「接地抵抗値は、10 Ω（低圧電路において、地絡を生じた場合に 0.5 秒以内に当該電路を自動的に遮断する装置を施設するときは、　　　　　Ω）以下であること。」と規定されている。上記の空欄にあてはまる数値として、**正しいものは**。

イ．50　　ロ．150　　ハ．300　　ニ．500

問 36　最大使用電圧 6 900V の高圧受電設備の高圧電路を一括して、交流で絶縁耐力試験を行う場合の試験電圧と試験時間の組合せとして、**適切なものは**。

イ．試験電圧：8 625V　　　試験時間：連続 1 分間
ロ．試験電圧：8 625V　　　試験時間：連続 10 分間
ハ．試験電圧：10 350V　　試験時間：連続 1 分間
ニ．試験電圧：10 350V　　試験時間：連続 10 分間

問 37　6 600V CVT ケーブルの直流漏れ電流測定の結果として、ケーブルが正常であることを示す測定チャートは。

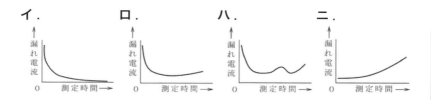

イ．　　　　　　ロ．　　　　　　ハ．　　　　　　ニ．

漏れ電流　　　　　　　　　　　　　　　　　　　　　漏れ電流

0　測定時間→　　0　測定時間→　　0　測定時間→　　0　測定時間→

 問 38　「電気工事士法」において、第一種電気工事士に関する記述として、**誤っているものは**。

イ．第一種電気工事士試験に合格したが所定の実務経験がなかったので、第一種電気工事士免状は、交付されなかった。

ロ．自家用電気工作物で最大電力 500kW 未満の需要設備の電気工事の作業に従事するときに、第一種電気工事士免状を携帯した。

ハ．第一種電気工事士免状の交付を受けた日から 4 年目に、自家用電気工作物の保安に関する講習を受けた。

ニ．第一種電気工事士の免状を持っているので、自家用電気工作物で最大電力 500kW 未満の需要設備の非常用予備発電装置工事の作業に従事した。

問 39　「電気用品安全法」の適用を受ける特定電気用品は。

　イ．交流 60Hz 用の定格電圧 100V の電力量計
　ロ．交流 50Hz 用の定格電圧 100V、定格消費電力 56W の電気便
　　　座
　ハ．フロアダクト
　ニ．定格電圧 200V の進相コンデンサ

問 40　「電気工事業の業務の適正化に関する法律」において、電気工
事業者が、一般用電気工事のみの業務を行う営業所に**備え付けな
くてもよい器具は**。

　イ．絶縁抵抗計
　ロ．接地抵抗計
　ハ．抵抗及び交流電圧を測定することができる回路計
　ニ．低圧検電器

② 配線図

問題数	配点
10問	各2点

図は、高圧受電設備の単線結線図である。この図の矢印で示す10箇所に関する各問いには、4通りの答え（**イ、ロ、ハ、ニ**）が書いてある。それぞれの問いに対して、答えを1つ選びなさい。

〔注〕 図において、問いに直接関係のない部分等は、省略又は簡略化してある。

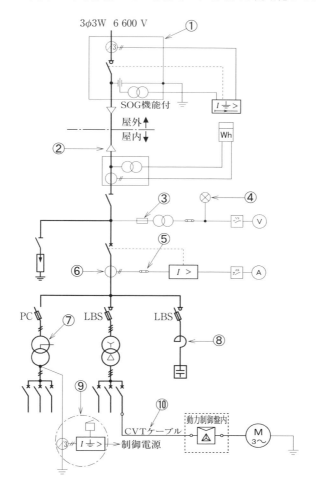

3φ3W　6 600 V

SOG機能付

屋外↑
屋内↓

Wh

PC　LBS　LBS

CVTケーブル
動力制御盤内
制御電源

①で示す機器の役割は。

イ．需要家側高圧電路の地絡電流を検出し、事故電流による高圧
　　交流負荷開閉器の遮断命令を一旦記憶する。その後、一般送
　　配電事業者側からの送電が停止され、無充電を検知すること
　　で自動的に負荷開閉器を開路する。

ロ．需要家側高圧電路の短絡電流を検出し、高圧交流負荷開閉器
　　を瞬時に開路する。

ハ．一般送配電事業者側の地絡電流を検出し、高圧交流負荷開閉
　　器を瞬時に開路する。

ニ．需要家側高圧電路の短絡電流を検出し、事故電流による高圧
　　交流負荷開閉器の遮断命令を一旦記憶する。その後、一般送
　　配電事業者側からの送電が停止され、無充電を検知すること
　　で自動的に負荷開閉器を開路する。

②の端末処理の際に、**不要なものは**。

イ．

ロ．

ハ．

ニ．

③で示す装置を使用する主な目的は。

イ．計器用変圧器を雷サージから保護する。
ロ．計器用変圧器の内部短絡事故が主回路に波及することを防止
　する。
ハ．計器用変圧器の過負荷を防止する。
ニ．計器用変圧器の欠相を防止する。

 ④に設置する機器は。

イ．

ロ．

ハ．

ニ．

問45 ⑤で示す機器の役割として、**正しいものは**。

イ．電路の点検時等に試験器を接続し、電圧計の指示校正を行う。
ロ．電路の点検時等に試験器を接続し、電流計切替スイッチの試験を行う。
ハ．電路の点検時等に試験器を接続し、地絡方向継電器の試験を行う。
ニ．電路の点検時等に試験器を接続し、過電流継電器の試験を行う。

問46 ⑥で示す部分に施設する機器の複線図として、**正しいものは**。

イ．
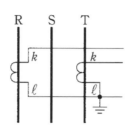

ロ．
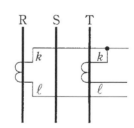

ハ．
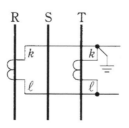

ニ．
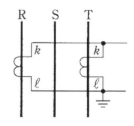

問 47 ⑦で示す部分に使用できる変圧器の最大容量［kV・A］は。

イ．100 ロ．200 ハ．300 ニ．500

問 48 ⑧で示す機器の役割として、**誤っているものは**。

イ．コンデンサ回路の突入電流を抑制する。
ロ．第5調波等の高調波障害の拡大を防止する。
ハ．電圧波形のひずみを改善する。
ニ．コンデンサの残留電荷を放電する。

問 49 ⑨で示す機器の目的は。

イ．変圧器の温度異常を検出して警報する。
ロ．低圧電路の短絡電流を検出して警報する。
ハ．低圧電路の欠相による異常電圧を検出して警報する。
ニ．低圧電路の地絡電流を検出して警報する。

問 50　⑩で示す部分に使用する CVT ケーブルとして、**適切なものは。**

イ.
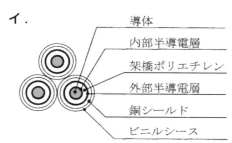

- 導体
- 内部半導電層
- 架橋ポリエチレン
- 外部半導電層
- 銅シールド
- ビニルシース

ロ.
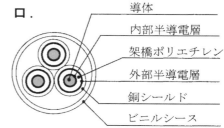

- 導体
- 内部半導電層
- 架橋ポリエチレン
- 外部半導電層
- 銅シールド
- ビニルシース

ハ.
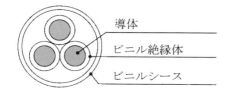

- 導体
- ビニル絶縁体
- ビニルシース

ニ.
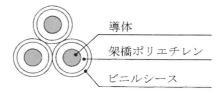

- 導体
- 架橋ポリエチレン
- ビニルシース

解答・解説 ▶ 別冊 p.43

第一種電気工事士

令和4年度【午後】　筆記試験問題

試験時間　2時間20分
合格基準点　60点以上

試験問題に使用する図記号等と国際規格の本試験での取り扱いについて

1. 試験問題に使用する図記号等

　試験問題に使用される図記号は、原則として「JIS C 0617-1 ～ 13 電気用図記号」及び「JIS C 0303：2000 構内電気設備の配線用図記号」を使用することとします。

2.「電気設備の技術基準の解釈」の適用について

　「電気設備の技術基準の解釈について」の第218条、第219条の「国際規格の取り入れ」の条項は本試験には適用しません。

次の各問いには4通りの答え（**イ、ロ、ハ、ニ**）が書いてある。それぞれの問いに対して答えを1つ選びなさい。
なお、選択肢が数値の場合は、最も近い値を選びなさい。

問 1　図のような直流回路において、電源電圧 $100V$、$R = 10\Omega$、$C = 20\mu F$ 及び $L = 2mH$ で、L には電流 $10A$ が流れている。C に蓄えられているエネルギー W_C［J］の値と、L に蓄えられているエネルギー W_L［J］の値の組合せとして、**正しいものは**。

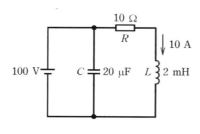

イ．$W_C = 0.001$
　　$W_L = 0.01$

ロ．$W_C = 0.2$
　　$W_L = 0.01$

ハ．$W_C = 0.1$
　　$W_L = 0.1$

ニ．$W_C = 0.2$
　　$W_L = 0.2$

問 2 図の直流回路において、抵抗 $3\,\Omega$ に流れる電流 I_3 の値〔A〕は。

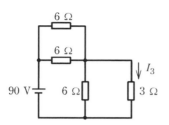

イ．3
ロ．9
ハ．12
ニ．18

 問 3 図のような交流回路において、電源電圧は $100\mathrm{V}$、電流は $20\mathrm{A}$、抵抗 R の両端の電圧は $80\mathrm{V}$ であった。リアクタンス X〔Ω〕は。

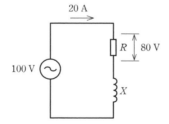

イ．2
ロ．3
ハ．4
ニ．5

問 4 図のような交流回路において、抵抗 $R = 10\,\Omega$、誘導性リアクタンス $X_{\mathrm{L}} = 10\,\Omega$、容量性リアクタンス $X_{\mathrm{C}} = 10\,\Omega$ である。この回路の力率 $[\%]$ は。

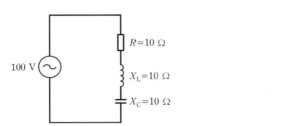

イ. 30
ロ. 50
ハ. 70
ニ. 100

問 5 図のような三相交流回路において、電源電圧は $200\mathrm{V}$、抵抗は $8\,\Omega$、リアクタンスは $6\,\Omega$ である。抵抗の両端の電圧 $V_{\mathrm{R}}\,[\mathrm{V}]$ は。

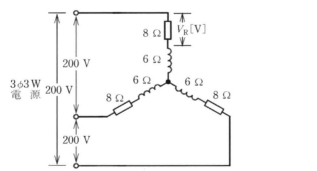

イ. 57
ロ. 69
ハ. 80
ニ. 92

問 6　図のような単相 2 線式配電線路において、配電線路の長さは100m、負荷は電流 50A、力率 0.8（遅れ）である。線路の電圧降下 $(V_\mathrm{s} - V_\mathrm{r})$ [V] を 4V 以内にするための電線の最小太さ（断面積）[mm^2] は。

ただし、電線の抵抗は表のとおりとし、線路のリアクタンスは無視するものとする。

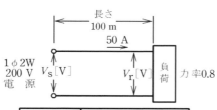

イ．14
ロ．22
ハ．38
ニ．60

電線太さ [mm^2]	1 km当たりの抵抗 [Ω / km]
14	1.30
22	0.82
38	0.49
60	0.30

問 7　図のような単相 3 線式電路（電源電圧 210/105V）において、抵抗負荷 A（50Ω）、B（50Ω）、C（25Ω）を使用中に、図中の ✕印の P 点で中性線が断線した。断線後に抵抗負荷 A に加わる電圧 [V] の値は。

ただし、どの配線用遮断器も動作しなかったとする。

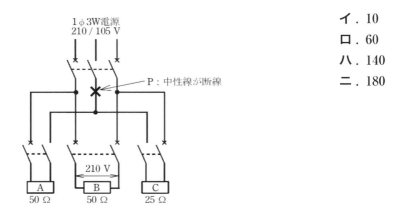

イ．10
ロ．60
ハ．140
ニ．180

問 8　図のような配電線路において、抵抗負荷 R_1 に 50A、抵抗負荷 R_2 には 70A の電流が流れている。変圧器の一次側に流れる電流 I [A] の値は。

ただし、変圧器と配電線路の損失及び変圧器の励磁電流は無視するものとする。

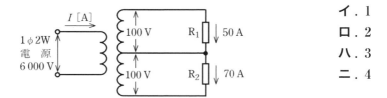

イ．1
ロ．2
ハ．3
ニ．4

問 9　図のような直列リアクトルを設けた高圧進相コンデンサがある。電源電圧が V [V]、誘導性リアクタンスが $9\,\Omega$、容量性リアクタンスが $150\,\Omega$ であるとき、この回路の無効電力（設備容量）[var] を示す式は。

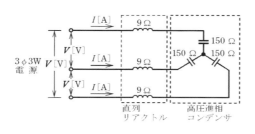

イ．$\dfrac{V^2}{159^2}$

ロ．$\dfrac{V^2}{141^2}$

ハ．$\dfrac{V^2}{159}$

ニ．$\dfrac{V^2}{141}$

4年度【午後】

一般問題

問 10　6極の三相かご形誘導電動機があり、その一次周波数がインバータで調整できるようになっている。

この電動機が滑り 5%、回転速度 $1\,140\text{min}^{-1}$ で運転されている場合の一次周波数 [Hz] は。

イ．30

ロ．40

ハ．50

ニ．60

問 11 トップランナー制度に関する記述について、**誤っているもの
は**。

イ．トップランナー制度では、エネルギー消費効率の向上を目的
　　として省エネルギー基準を導入している。
ロ．トップランナー制度では、エネルギーを多く使用する機器ご
　　とに、省エネルギー性能の向上を促すための目標基準を満た
　　すことを、製造事業者と輸入事業者に対して求めている。
ハ．電気機器として交流電動機は、全てトップランナー制度対象
　　品である。
ニ．電気機器として変圧器は、一部を除きトップランナー制度対
　　象品である。

問 12 定格電圧 100V、定格消費電力 1kW の電熱器を、電源電圧
90V で 10 分間使用したときの発生熱量 ［kJ］ は。
　ただし、電熱器の抵抗の温度による変化は無視するものとする。

イ．292
ロ．324
ハ．486
ニ．540

問13 図に示すサイリスタ（逆阻止3端子サイリスタ）回路の出力電圧 v_0 の波形として、**得ることのできない波形は**。

ただし、電源電圧は正弦波交流とする。

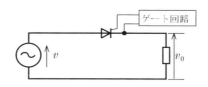

イ.

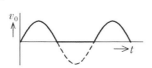

ロ.

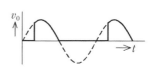

ハ.

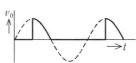

ニ.

4年度【午後】

一般問題

問 14 写真に示すものの名称は。

イ．金属ダクト
ロ．バスダクト
ハ．トロリーバスダクト
ニ．銅帯

問 15 写真に示す住宅用の分電盤において、矢印部分に一般的に設置される機器の名称は。

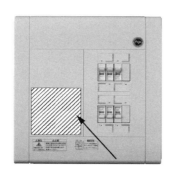

イ．電磁開閉器
ロ．漏電遮断器（過負荷保護付）
ハ．配線用遮断器
ニ．避雷器

問16 コンバインドサイクル発電の特徴として、**誤っているものは**。

イ．主に、ガスタービン発電と汽力発電を組み合わせた発電方式である。

ロ．同一出力の火力発電に比べ熱効率は劣るが、LNG などの燃料が節約できる。

ハ．短時間で運転・停止が容易にできるので、需要の変化に対応した運転が可能である。

ニ．回転軸には、空気圧縮機とガスタービンが直結している。

問17 水力発電の水車の出力 P に関する記述として、**正しいものは**。ただし、H は有効落差、Q は流量とする。

イ．P は QH に比例する。

ロ．P は QH^2 に比例する。

ハ．P は QH に反比例する。

ニ．P は Q^2H に比例する。

問 18　架空送電線路に使用されるアークホーンの記述として、**正しいものは**。

イ．電線と同種の金属を電線に巻き付けて補強し、電線の振動による素線切れなどを防止する。
ロ．電線におもりとして取り付け、微風により生ずる電線の振動を吸収し、電線の損傷などを防止する。
ハ．がいしの両端に設け、がいしや電線を雷の異常電圧から保護する。
ニ．多導体に使用する間隔材で、強風による電線相互の接近・接触や負荷電流、事故電流による電磁吸引力から素線の損傷を防止する。

問 19　同一容量の単相変圧器を並行運転するための条件として、**必要でないものは**。

イ．各変圧器の極性を一致させて結線すること。
ロ．各変圧器の変圧比が等しいこと。
ハ．各変圧器のインピーダンス電圧が等しいこと。
ニ．各変圧器の効率が等しいこと。

問 20　高圧受電設備の短絡保護装置として、**適切な組合せは**。

イ．過電流継電器
　　高圧柱上気中開閉器

ロ．地絡継電器
　　高圧真空遮断器

ハ．地絡方向継電器
　　高圧柱上気中開閉器

ニ．過電流継電器
　　高圧真空遮断器

問 21 高圧 CV ケーブルの絶縁体 a とシース b の材料の組合せは。

イ. a 架橋ポリエチレン
　　b 塩化ビニル樹脂
ロ. a 架橋ポリエチレン
　　b ポリエチレン
ハ. a エチレンプロピレンゴム
　　b 塩化ビニル樹脂
ニ. a エチレンプロピレンゴム
　　b ポリクロロプレン

問 22 写真に示す機器の用途は。

イ. 大電流を小電流に変流する。
ロ. 高調波電流を抑制する。
ハ. 負荷の力率を改善する。
ニ. 高電圧を低電圧に変圧する。

写真に示す品物を組み合わせて使用する場合の目的は。

イ．高圧需要家構内における高圧電路の開閉と、短絡事故が発生
　　した場合の高圧電路の遮断。

ロ．高圧需要家の使用電力量を計量するため高圧の電圧、電流を
　　低電圧、小電流に変成。

ハ．高圧需要家構内における高圧電路の開閉と、地絡事故が発生
　　した場合の高圧電路の遮断。

ニ．高圧需要家構内における遠方制御による高圧電路の開閉。

問 24

　600V 以下で使用される電線又はケーブルの記号に関する記述
として、**誤っているものは**。

イ．IV とは、主に屋内配線に使用する塩化ビニル樹脂を主体と
　　したコンパウンドで絶縁された単心（単線、より線）の絶縁
　　電線である。

ロ．DV とは、主に架空引込線に使用する塩化ビニル樹脂を主体
　　としたコンパウンドで絶縁された多心の絶縁電線である。

ハ．VVF とは、移動用電気機器の電源回路などに使用する塩化
　　ビニル樹脂を主体としたコンパウンドを絶縁体およびシー
　　スとするビニル絶縁ビニルキャブタイヤケーブルである。

ニ．CV とは、架橋ポリエチレンで絶縁し、塩化ビニル樹脂を主
　　体としたコンパウンドでシースを施した架橋ポリエチレン
　　絶縁ビニルシースケーブルである。

問 25 写真に示す配線器具を取り付ける施工方法の記述として、**不適切なものは**。

イ．定格電流 20A の配線用遮断器に保護されている電路に取り付けた。

ロ．単相 200V の機器用コンセントとして取り付けた。

ハ．三相 400V の機器用コンセントとしては使用できない。

ニ．接地極には D 種接地工事を施した。

問 26 低圧配電盤に、CV ケーブル又は CVT ケーブルを接続する作業において、一般に**使用しない工具は**。

イ．電工ナイフ　　　　ロ．油圧式圧着工具

ハ．油圧式パイプベンダ　　ニ．トルクレンチ

問 27 高圧屋内配線をケーブル工事で施設する場合の記述として、**誤っているものは**。

イ．電線を電気配線用のパイプシャフト内に施設（垂直につり下げる場合を除く）し、8m の間隔で支持をした。

ロ．他の弱電流電線との離隔距離を 30cm で施設した。

ハ．低圧屋内配線との間に耐火性の堅ろうな隔壁を設けた。

ニ．ケーブルを耐火性のある堅ろうな管に収め施設した。

問 28 合成樹脂管工事に使用できない絶縁電線の種類は。

　イ．600V ビニル絶縁電線
　ロ．600V 二種ビニル絶縁電線
　ハ．600V 耐燃性ポリエチレン絶縁電線
　ニ．屋外用ビニル絶縁電線

問 29 　点検できる隠ぺい場所で、湿気の多い場所又は水気のある場所に施す使用電圧 300V 以下の低圧屋内配線工事で、**施設することができない工事**の種類は。

　イ．金属管工事
　ロ．金属線ぴ工事
　ハ．ケーブル工事
　ニ．合成樹脂管工事

問い 30 から問い 34 までは、下の図に関する問いである。

　図は、自家用電気工作物（500kW 未満）の引込柱から屋内キュービクル式高圧受電設備（JIS C 4620 適合品）に至る施設の見取図である。この図に関する各問いには、4 通りの答え（**イ、ロ、ハ、ニ**）が書いてある。それぞれの問いに対して、答えを一つ選びなさい。

　〔注〕図において、問いに直接関係のない部分等は、省略又は簡略化してある。

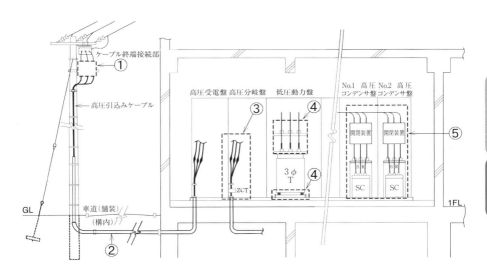

問 30　①に示すケーブル終端接続部に関する記述として、**不適切なもの**は。

イ．ストレスコーンは雷サージ電圧が侵入したとき、ケーブルのストレスを緩和するためのものである。

ロ．終端接続部の処理では端子部から雨水等がケーブル内部に浸入しないように処理する必要がある。

ハ．ゴムとう管形屋外終端接続部にはストレスコーン部が内蔵されているので、あらためてストレスコーンを作る必要はない。

ニ．耐塩害終端接続部の処理は海岸に近い場所等、塩害を受けるおそれがある場所に適用される。

問 31　②に示す高圧引込の地中電線路の施工として、**不適切なもの**は。

イ．地中埋設管路長が 20m であるため、物件の名称、管理者名及び電圧を表示した埋設表示シートの施設を省略した。

ロ．高圧地中引込線を収める防護装置に鋼管を使用した管路式とし、地中埋設管路長が 20m であるため、管路の接地を省略した。

ハ．高圧地中引込線と地中弱電流電線との離隔が 20cm のため、高圧地中引込線を堅ろうな不燃性の管に収め、その管が地中弱電流電線と直接接触しないように施設した。

ニ．高圧地中引込線と低圧地中電線との離隔を 20cm で施設した。

③に示す高圧ケーブルの施工として、**不適切なものは**。

ただし、高圧ケーブルは 6 600V CVT ケーブルを使用するものとする。

イ．高圧ケーブルの終端接続に 6 600V CVT ケーブル用ゴムストレスコーン形屋内終端接続部の材料を使用した。
ロ．高圧分岐ケーブル系統の地絡電流を検出するための零相変流器を R 相と T 相に設置した。
ハ．高圧ケーブルの銅シールドに、A 種接地工事を施した。
ニ．キュービクル内の高圧ケーブルの支持にケーブルブラケットを使用し、3 線一括で固定した。

4年度【午後】

一般問題

④に示す変圧器の防振又は、耐震対策等の施工に関する記述として、**適切でないものは**。

イ．低圧母線に銅帯を使用したので、変圧器の振動等を考慮し、変圧器と低圧母線との接続には可とう導体を使用した。
ロ．可とう導体は、地震時の振動でブッシングや母線に異常な力が加わらないよう十分なたるみを持たせ、かつ、振動や負荷側短絡時の電磁力で母線が短絡しないように施設した。
ハ．変圧器を基礎に直接支持する場合のアンカーボルトは、移動、転倒を考慮して引き抜き力、せん断力の両方を検討して支持した。
ニ．変圧器に防振装置を使用する場合は、地震時の移動を防止する耐震ストッパが必要である。耐震ストッパのアンカーボルトには、せん断力が加わるため、せん断力のみを検討して支持した。

問 34　　⑤で示す高圧進相コンデンサに用いる開閉装置は、自動力率調整装置により自動で開閉できるよう施設されている。このコンデンサ用開閉装置として、**最も適切なものは**。

イ．高圧交流真空電磁接触器
ロ．高圧交流真空遮断器
ハ．高圧交流負荷開閉器
ニ．高圧カットアウト

問 35　　一般に B 種接地抵抗値の計算式は、

$$\frac{150V}{変圧器高圧側電路の 1 線地絡電流 \,[A]}\,[\Omega]$$

となる。

ただし、変圧器の高低圧混触により、低圧側電路の対地電圧が 150V を超えた場合に、1 秒以下で自動的に高圧側電路を遮断する装置を設けるときは、計算式の 150V は□□□□□V とすることができる。

上記の空欄にあてはまる数値は。

イ．300
ロ．400
ハ．500
ニ．600

問 36　高圧受電設備の年次点検において、電路を開放して作業を行う場合は、感電事故防止の観点から、作業箇所に短絡接地器具を取り付けて安全を確保するが、この場合の作業方法として、**誤っているものは**。

イ．取り付けに先立ち、短絡接地器具の取り付け箇所の無充電を検電器で確認する。

ロ．取り付け時には、まず接地側金具を接地線に接続し、次に電路側金具を電路側に接続する。

ハ．取り付け中は、「短絡接地中」の標識をして注意喚起を図る。

ニ．取り外し時には、まず接地側金具を外し、次に電路側金具を外す。

4年度【午後】一般問題

問 37　高圧受電設備の定期点検で通常**用いないものは**。

イ．高圧検電器　　ロ．短絡接地器具

ハ．絶縁抵抗計　　ニ．検相器

問 38　「電気工事士法」において、特殊電気工事を除く工事に関し、政令で定める軽微な工事及び省令で定める軽微な作業について、**誤っているものは**。

イ．軽微な工事については、認定電気工事従事者でなければ従事できない。

ロ．電気工事の軽微な作業については、電気工事士でなくても従事できる。

ハ．自家用電気工作物の軽微な工事の作業については、第一種電気工事士でなくても従事できる。

ニ．使用電圧 600V を超える自家用電気工作物の電気工事の軽微な作業については、第一種電気工事士でなくても従事できる。

問 39　「電気工事士法」及び「電気用品安全法」において、**正しいものは**。

イ．電気用品のうち、危険及び障害の発生するおそれが少ないものは、特定電気用品である。

ロ．特定電気用品には、（PS）E と表示されているものがある。

ハ．第一種電気工事士は、「電気用品安全法」に基づいた表示のある電気用品でなければ、一般用電気工作物の工事に使用してはならない。

ニ．定格電圧が 600V のゴム絶縁電線（公称断面積 22mm^2）は、特定電気用品ではない。

問 40　「電気設備の技術基準を定める省令」において、電気使用場所における使用電圧が低圧の開閉器又は過電流遮断器で区切ることのできる電路ごとに、電路と大地との間の絶縁抵抗値として、**不適切なものは**。

イ．使用電圧が 300V 以下で対地電圧が 150V 以下の場合

0.1MΩ以上

ロ．使用電圧が 300V 以下で対地電圧が 150V を超える場合

0.2MΩ以上

ハ．使用電圧が 300V を超え 450V 以下の場合　　0.3MΩ以上

ニ．使用電圧が 450V を超える場合　　　　　　0.4MΩ以上

② 配 線 図 1

問題数	配 点
5問	各2点

図は、三相誘導電動機を、押しボタンの操作により始動させ、タイマの設定時間で停止させる制御回路である。この図の矢印で示す5箇所に関する各問いには、4通りの答え（**イ、ロ、ハ、ニ**）が書いてある。それぞれの問いに対して、答えを1つ選びなさい。

〔注〕 図において、問いに直接関係のない部分等は、省略又は簡略化してある。

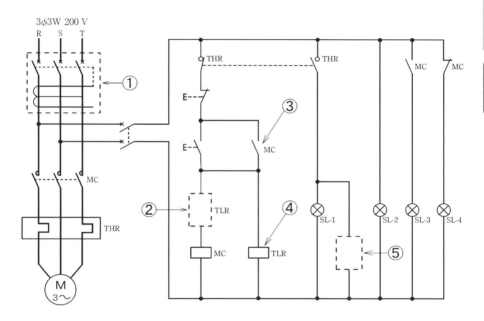

問 41 ①の部分に設置する機器は。

イ．配線用遮断器
ロ．電磁接触器
ハ．電磁開閉器
ニ．漏電遮断器（過負荷保護付）

問 42 ②で示す部分に使用される接点の図記号は。

イ．　　　　ロ．　　　　ハ．　　　　ニ．

問 43 ③で示す接点の役割は。

イ．押しボタンスイッチのチャタリング防止
ロ．タイマの設定時間経過前に電動機が停止しないためのインタ
　　ロック
ハ．電磁接触器の自己保持
ニ．押しボタンスイッチの故障防止

問 44 ④に設置する機器は。

イ.

ロ.

ハ.

ニ.

問 45 ⑤で示す部分に使用されるブザーの図記号は。

イ.

ロ.

ハ.

ニ.

図は、高圧受電設備の単線結線図である。この図の矢印で示す5箇所に関する各問いには、4通りの答え（**イ、ロ、ハ、ニ**）が書いてある。それぞれの問いに対して、答えを1つ選びなさい。

〔注〕　図において、問いに直接関係のない部分等は、省略又は簡略化してある。

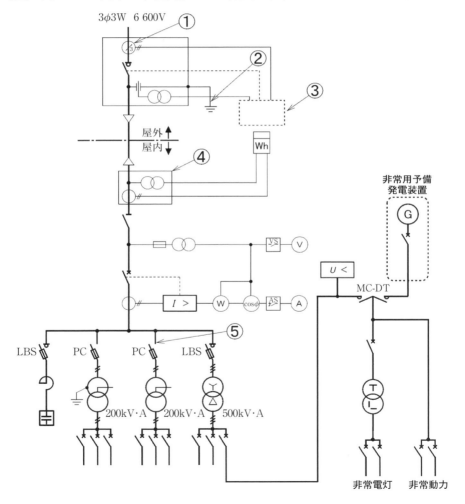

3φ3W　6 600V

屋外 ↑
屋内 ↓

Wh

非常用予備
発電装置

G

U <

MC-DT

LBS　　PC　　　PC　　LBS

200kV·A　200kV·A　500kV·A

非常電灯　　非常動力

①で示す図記号の機器の名称は。

イ．零相変圧器
ロ．電力需給用変流器
ハ．計器用変流器
ニ．零相変流器

 ②の部分の接地工事に使用する保護管で、**適切なものは**。
ただし、接地線に人が触れるおそれがあるものとする。

イ．薄鋼電線管
ロ．厚鋼電線管
ハ．合成樹脂製可とう電線管（CD 管）
ニ．硬質ポリ塩化ビニル電線管

 ③に設置する機器の図記号は。

イ．　　　　　　　ロ．　　　　　　　ハ．　　　　　　　ニ．

$I \doteq >$　　　$\underrightarrow{\ \ } I >$　　　$I <$　　　$\underrightarrow{\ \ } I \doteq >$

問 49 ④に設置する機器は。

イ.

ロ.

ハ.

ニ.

問 50 ⑤で示す部分の検電確認に用いるものは。

イ.

ロ.

ハ.
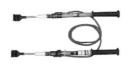

ニ.
拡大

86

解答・解説▶別冊 p.63

第一種電気工事士

令和4年度【午前】 筆記試験問題

試験時間 2時間20分

合格基準点 60点以上

試験問題に使用する図記号等と国際規格の本試験での取り扱いについて

1. 試験問題に使用する図記号等

　　試験問題に使用される図記号は、原則として「JIS C 0617-1 〜 13 電気用図記号」及び「JIS C 0303：2000 構内電気設備の配線用図記号」を使用することとします。

2.「電気設備の技術基準の解釈」の適用について

　　「電気設備の技術基準の解釈について」の第218条、第219条の「国際規格の取り入れ」の条項は本試験には適用しません。

解 答 一 覧 ➡ p.141

答 案 用 紙 ➡ 別冊 p.104

解答・解説 ➡ 別冊 p.64

次の各問いには4通りの答え（**イ、ロ、ハ、ニ**）が書いてある。それぞれの問いに対して答えを1つ選びなさい。
なお、選択肢が数値の場合は、最も近い値を選びなさい。

問 1　図のように、面積 A の平板電極間に、厚さが d で誘電率が ε の絶縁物が入っている平行平板コンデンサがあり、直流電圧 V が加わっている。このコンデンサの静電エネルギーに関する記述として、**正しいものは**。

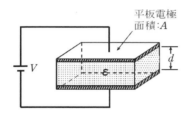

平板電極
面積:A

イ．電圧 V の2乗に比例する。
ロ．電極の面積 A に反比例する。
ハ．電極間の距離 d に比例する。
ニ．誘電率 ε に反比例する。

問 2　図のような直流回路において、スイッチ S が開いているとき、抵抗 R の両端の電圧は 36V であった。スイッチ S を閉じたときの抵抗 R の両端の電圧〔V〕は。

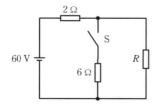

イ．3
ロ．12
ハ．24
ニ．30

問 3

　図のような交流回路において、電源電圧は 200V、抵抗は 20Ω、リアクタンスは X [Ω]、回路電流は 20A である。この回路の力率 [%] は。

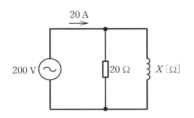

イ．50
ロ．60
ハ．80
ニ．100

問 4

　図のような交流回路において、抵抗 R = 15Ω、誘導性リアクタンス X_L = 10Ω、容量性リアクタンス X_C = 2Ω である。この回路の消費電力 [W] は。

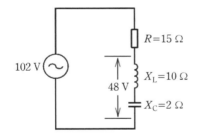

イ．240
ロ．288
ハ．505
ニ．540

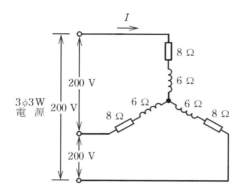

問 5 　図のような三相交流回路において、電源電圧は 200V、抵抗は 8Ω、リアクタンスは 6Ω である。この回路に関して**誤っているものは**。

イ．1 相当たりのインピーダンスは、10Ω である。

ロ．線電流 I は、10A である。

ハ．回路の消費電力は、3 200W である。

ニ．回路の無効電力は、2 400var である。

問 6　図のように、単相2線式の配電線路で、抵抗負荷 A、B、C にそれぞれ負荷電流 10A、5A、5A が流れている。電源電圧が 210V であるとき、抵抗負荷 C の両端の電圧 V_C［V］は。

ただし、電線1線当たりの抵抗は、0.1Ω とし、線路リアクタンスは無視する。

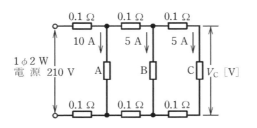

イ．201
ロ．203
ハ．205
ニ．208

問 7　図のような単相3線式電路（電源電圧 210/105V）において、抵抗負荷 A 50Ω、B 25Ω、C 20Ω を使用中に、図中の✕印点 P で中性線が断線した。断線後の抵抗負荷 A に加わる電圧［V］は。

ただし、どの配線用遮断器も動作しなかったとする。

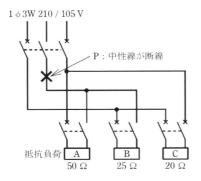

イ．0
ロ．60
ハ．140
ニ．210

 設備容量が 400kW の需要家において、ある 1 日（0 ～ 24 時）の需要率が 60％で、負荷率が 50％であった。

この需要家のこの日の最大需要電力 P_M〔kW〕の値と、この日一日の需要電力量 W〔kW・h〕の値の組合せとして、**正しいものは**。

イ．$P_\mathrm{M} = 120$　　ロ．$P_\mathrm{M} = 200$　　ハ．$P_\mathrm{M} = 240$　　ニ．$P_\mathrm{M} = 240$
　　$W = 5\,760$　　　　　$W = 5\,760$　　　　　$W = 4\,800$　　　　　$W = 2\,880$

 図のような電路において、変圧器（6 600/210V）の二次側の 1 線が B 種接地工事されている。この B 種接地工事の接地抵抗値が 10Ω、負荷の金属製外箱の D 種接地工事の接地抵抗値が 40Ω であった。金属製外箱の A 点で完全地絡を生じたとき、A 点の対地電圧〔V〕の値は。

ただし、金属製外箱、配線及び変圧器のインピーダンスは無視する。

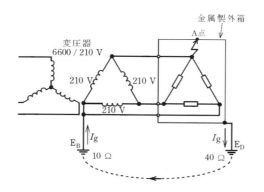

イ．32

ロ．168

ハ．210

ニ．420

問 10　かご形誘導電動機のインバータによる速度制御に関する記述として、**正しいものは。**

イ．電動機の入力の周波数を変えることによって速度を制御する。

ロ．電動機の入力の周波数を変えずに電圧を変えることによって速度を制御する。

ハ．電動機の滑りを変えることによって速度を制御する。

ニ．電動機の極数を切り換えることによって速度を制御する。

 問 11　同容量の単相変圧器2台をV結線し、三相負荷に電力を供給する場合の変圧器1台当たりの最大の利用率は。

イ．$\dfrac{1}{2}$　　　ロ．$\dfrac{\sqrt{2}}{2}$

ハ．$\dfrac{\sqrt{3}}{2}$　　　ニ．$\dfrac{2}{\sqrt{3}}$

 問 12　床面上 r [m] の高さに、光度 I [cd] の点光源がある。光源直下の床面照度 E [lx] を示す式は。

イ．$E = \dfrac{I^2}{r}$　　　ロ．$E = \dfrac{I^2}{r^2}$

ハ．$E = \dfrac{I}{r}$　　　ニ．$E = \dfrac{I}{r^2}$

解答・解説▶別冊 p.68〜70

問 13 蓄電池に関する記述として、**正しいものは**。

イ．鉛蓄電池の電解液は、希硫酸である。
ロ．アルカリ蓄電池の放電の程度を知るためには、電解液の比重を測定する。
ハ．アルカリ蓄電池は、過放電すると充電が不可能になる。
ニ．単一セルの起電力は、鉛蓄電池よりアルカリ蓄電池の方が高い。

問 14 写真に示す照明器具の主要な使用場所は。

イ．極低温となる環境の場所
ロ．物が接触し損壊するおそれのある場所
ハ．海岸付近の塩害の影響を受ける場所
ニ．可燃性のガスが滞留するおそれのある場所

問 15　　写真に示す機器の矢印部分の名称は。

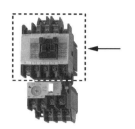

イ．熱動継電器
ロ．電磁接触器
ハ．配線用遮断器
ニ．限時継電器

問 16　　コージェネレーションシステムに関する記述として、**最も適切なものは**。

イ．受電した電気と常時連系した発電システム
ロ．電気と熱を併せ供給する発電システム
ハ．深夜電力を利用した発電システム
ニ．電気集じん装置を利用した発電システム

4年度【午前】一般問題

問 17 有効落差 100m、使用水量 $20\text{m}^3/\text{s}$ の水力発電所の発電機出力 ［MW］は。

ただし、水車と発電機の総合効率は 85% とする。

イ．1.9

ロ．12.7

ハ．16.7

ニ．18.7

問 18 架空送電線のスリートジャンプ現象に対する対策として、**適切なものは**。

イ．アーマロッドにて補強する。

ロ．鉄塔では上下の電線間にオフセットを設ける。

ハ．送電線にトーショナルダンパを取り付ける。

ニ．がいしの連結数を増やす。

問 19　送電用変圧器の中性点接地方式に関する記述として、**誤っているものは**。

イ．非接地方式は、中性点を接地しない方式で、異常電圧が発生しやすい。

ロ．直接接地方式は、中性点を導線で接地する方式で、地絡電流が大きい。

ハ．抵抗接地方式は、地絡故障時、通信線に対する電磁誘導障害が直接接地方式と比較して大きい。

ニ．消弧リアクトル接地方式は、中性点を送電線路の対地静電容量と並列共振するようなリアクトルで接地する方式である。

 問 20　高圧受電設備の受電用遮断器の遮断容量を決定する場合に、**必要なものは**。

イ．受電点の三相短絡電流

ロ．受電用変圧器の容量

ハ．最大負荷電流

ニ．小売電気事業者との契約電力

解答・解説▶別冊 p.72 〜 73

 **問 21**　高圧母線に取り付けられた、通電中の変流器の二次側回路に接続されている電流計を取り外す場合の手順として、**適切なものは**。

イ．変流器の二次側端子の一方を接地した後、電流計を取り外す。
ロ．電流計を取り外した後、変流器の二次側を短絡する。
ハ．変流器の二次側を短絡した後、電流計を取り外す。
ニ．電流計を取り外した後、変流器の二次側端子の一方を接地する。

 **問 22**　写真に示す品物の用途は。

イ．容量300kV・A未満の変圧器の一次側保護装置として用いる。
ロ．保護継電器と組み合わせて、遮断器として用いる。
ハ．電力ヒューズと組み合わせて、高圧交流負荷開閉器として用いる。
ニ．停電作業などの際に、電路を開路しておく装置として用いる。

写真の機器の矢印で示す部分の主な役割は。

イ．高圧電路の地絡保護
ロ．高圧電路の過電圧保護
ハ．高圧電路の高調波電流抑制
ニ．高圧電路の短絡保護

600V 以下で使用される電線又はケーブルの記号に関する記述として、**誤っているものは**。

イ．IV とは、主に屋内配線に使用する塩化ビニル樹脂を主体としたコンパウンドで絶縁された単心（単線、より線）の絶縁電線である。
ロ．DV とは、主に架空引込線に使用する塩化ビニル樹脂を主体としたコンパウンドで絶縁された多心の絶縁電線である。
ハ．VVF とは、移動用電気機器の電源回路などに使用する塩化ビニル樹脂を主体としたコンパウンドを絶縁体およびシースとするビニル絶縁ビニルキャブタイヤケーブルである。
ニ．CV とは、架橋ポリエチレンで絶縁し、塩化ビニル樹脂を主体としたコンパウンドでシースを施した架橋ポリエチレン絶縁ビニルシースケーブルである。

 **問 25** 　写真に示す配線器具（コンセント）で 200V の回路に**使用できないものは**。

イ.

ロ.

ハ.

ニ.

 **問 26** 　写真に示す工具の名称は。

イ．トルクレンチ
ロ．呼び線挿入器
ハ．ケーブルジャッキ
ニ．張線器

問 27 平形保護層工事の記述として、**誤っているものは**。

イ．旅館やホテルの宿泊室には施設できない。
ロ．壁などの造営材を貫通させて施設する場合は、適切な防火区画処理等の処理を施さなければならない。
ハ．対地電圧 150V 以下の電路でなければならない。
ニ．定格電流 20A の過負荷保護付漏電遮断器に接続して施設できる。

問 28 合成樹脂管工事に使用する材料と管との施設に関する記述として、**誤っているものは**。

イ．PF 管を直接コンクリートに埋め込んで施設した。
ロ．CD 管を直接コンクリートに埋め込んで施設した。
ハ．PF 管を点検できない二重天井内に施設した。
ニ．CD 管を点検できる二重天井内に施設した。

問 29 点検できる隠ぺい場所で、湿気の多い場所又は水気のある場所に施す使用電圧 300V 以下の低圧屋内配線工事で、**施設することができない工事**の種類は。

イ．金属管工事
ロ．金属線ぴ工事
ハ．ケーブル工事
ニ．合成樹脂管工事

問い 30 から問い 34 までは、下の図に関する問いである。

　図は、一般送配電事業者の供給用配電箱（高圧キャビネット）から自家用構内を経由して、地下 1 階電気室に施設する屋内キュービクル式高圧受電設備（JIS C 4620 適合品）に至る電線路及び低圧屋内幹線設備の一部を表した図である。
この図に関する各問いには、4 通りの答え（**イ、ロ、ハ、ニ**）が書いてある。それぞれの問いに対して、答えを 1 つ選びなさい。
〔注〕　1. 図において、問いに直接関係のない部分等は、省略又は簡略化してある。
　　　　2. UGS：地中線用地絡継電装置付き高圧交流負荷開閉器

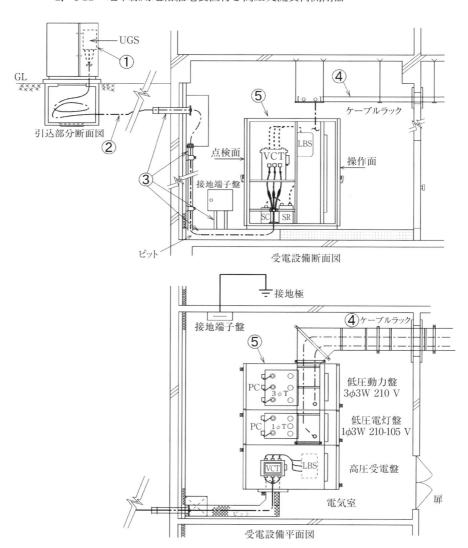

問 30　①に示す地絡継電装置付き高圧交流負荷開閉器（UGS）に関する記述として、**不適切なものは**。

イ．電路に地絡が生じた場合、自動的に電路を遮断する機能を内蔵している。

ロ．定格短時間耐電流は、系統（受電点）の短絡電流以上のものを選定する。

ハ．短絡事故を遮断する能力を有する必要がある。

ニ．波及事故を防止するため、一般送配電事業者の地絡保護継電装置と動作協調をとる必要がある。

問 31　②に示す構内の高圧地中引込線を施設する場合の施工方法として、**不適切なものは**。

イ．地中電線に堅ろうながい装を有するケーブルを使用し、埋設深さ（土冠）を 1.2m とした。

ロ．地中電線を収める防護装置に鋼管を使用した管路式とし、管路の接地を省略した。

ハ．地中電線を収める防護装置に波付硬質合成樹脂管（FEP）を使用した。

ニ．地中電線路を直接埋設式により施設し、長さが 20m であったので電圧の表示を省略した。

4年度【午前】

一般問題

 **問 32** ③に示す電路及び接地工事の施工として、**不適切なものは**。

イ．建物内への地中引込の壁貫通に防水鋳鉄管を使用した。
ロ．電気室内の高圧引込ケーブルの防護管（管の長さが 2m の厚鋼電線管）の接地工事を省略した。
ハ．ピット内の高圧引込ケーブルの支持に樹脂製のクリートを使用した。
ニ．接地端子盤への接地線の立上りに硬質ポリ塩化ビニル電線管を使用した。

 **問 33** ④に示すケーブルラックの施工に関する記述として、**誤っているものは**。

イ．ケーブルラックの長さが 15m であったが、乾燥した場所であったため、D 種接地工事を省略した。
ロ．ケーブルラックは、ケーブル重量に十分耐える構造とし、天井コンクリートスラブからアンカーボルトで吊り、堅固に施設した。
ハ．同一のケーブルラックに電灯幹線と動力幹線のケーブルを布設する場合、両者の間にセパレータを設けなくてもよい。
ニ．ケーブルラックが受電室の壁を貫通する部分は、火災延焼防止に必要な防火措置を施した。

⑤に示す高圧受電設備の絶縁耐力試験に関する記述として、**不適切なものは**。

イ．交流絶縁耐力試験は、最大使用電圧の 1.5 倍の電圧を連続して 10 分間加え、これに耐える必要がある。

ロ．ケーブルの絶縁耐力試験を直流で行う場合の試験電圧は、交流の 1.5 倍である。

ハ．ケーブルが長く静電容量が大きいため、リアクトルを使用して試験用電源の容量を軽減した。

ニ．絶縁耐力試験の前後には、1 000V 以上の絶縁抵抗計による絶縁抵抗測定と安全確認が必要である。

 「電気設備の技術基準の解釈」において、D 種接地工事に関する記述として、**誤っているものは**。

イ．D 種接地工事を施す金属体と大地との間の電気抵抗値が 10Ω以下でなければ、D 種接地工事を施したものとみなされない。

ロ．接地抵抗値は、低圧電路において、地絡を生じた場合に 0.5 秒以内に当該電路を自動的に遮断する装置を施設するときは、500Ω以下であること。

ハ．接地抵抗値は、100Ω以下であること。

ニ．接地線は故障の際に流れる電流を安全に通じることができるものであること。

問 36 　需要家の月間などの 1 期間における平均力率を求めるのに必要な計器の組合せは。

　イ．電力計　　　　　　　電力量計
　ロ．電力量計　　　　　　無効電力量計
　ハ．無効電力量計　　　　最大需要電力計
　ニ．最大需要電力計　　　電力計

問 37 　「電気設備の技術基準の解釈」において、停電が困難なため低圧屋内配線の絶縁性能を、使用電圧が加わった状態における漏えい電流を測定して判定する場合、使用電圧が 200V の電路の漏えい電流の上限値 [mA] として、**適切なものは**。

　イ．0.1
　ロ．0.2
　ハ．0.4
　ニ．1.0

問 38 　「電気工事士法」において、第一種電気工事士免状の交付を受けている者でなければ**従事できない作業は**。

　イ．最大電力 800kW の需要設備の 6.6kV 変圧器に電線を接続する作業
　ロ．出力 500kW の発電所の配電盤を造営材に取り付ける作業
　ハ．最大電力 400kW の需要設備の 6.6kV 受電用ケーブルを電線管に収める作業
　ニ．配電電圧 6.6kV の配電用変電所内の電線相互を接続する作業

問 39　「電気事業法」において、電線路維持運用者が行う一般用電気工作物の調査に関する記述として、**不適切なものは**。

イ．一般用電気工作物の調査が 4 年に 1 回以上行われている。

ロ．登録点検業務受託法人が点検業務を受託している一般用電気工作物についても調査する必要がある。

ハ．電線路維持運用者は、調査業務を登録調査機関に委託することができる。

ニ．一般用電気工作物が設置された時に調査が行われなかった。

問 40　「電気工事業の業務の適正化に関する法律」において、**正しいものは**。

イ．電気工事士は、電気工事業者の監督の下で、「電気用品安全法」の表示が付されていない電気用品を電気工事に使用することができる。

ロ．電気工事業者が、電気工事の施工場所に二日間で完了する工事予定であったため、代表者の氏名等を記載した標識を掲げなかった。

ハ．電気工事業者が、電気工事ごとに配線図等を帳簿に記載し、3 年経ったので廃棄した。

ニ．一般用電気工事の作業に従事する者は、主任電気工事士がその職務を行うため必要があると認めてする指示に従わなければならない。

図は、高圧受電設備の単線結線図である。この図の矢印で示す10箇所に関する各問いには、4通りの答え（**イ、ロ、ハ、ニ**）が書いてある。それぞれの問いに対して、答えを1つ選びなさい。

〔注〕　図において、問いに直接関係のない部分等は、省略又は簡略化してある。

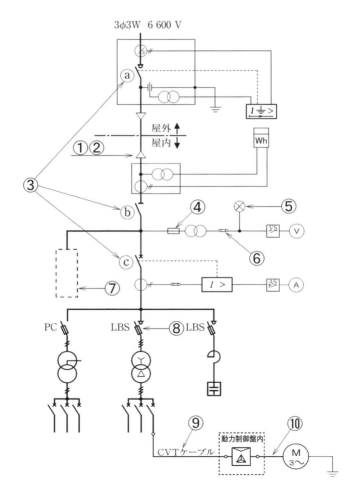

3φ3W　6 600 V

問 41 ①の端末処理の際に、**不要なものは**。

イ．

ロ．

ハ．

ニ．

問 42 ②で示すストレスコーン部分の主な役割は。

イ．機械的強度を補強する。

ロ．遮へい端部の電位傾度を緩和する。

ハ．電流の不平衡を防止する。

ニ．高調波電流を吸収する。

③で示すⓐ、ⓑ、ⓒの機器において、この高圧受電設備を点検時に停電させる為の開路手順として、**最も不適切なものは**。

イ．ⓐ → ⓑ → ⓒ　　　ロ．ⓑ → ⓐ → ⓒ
ハ．ⓒ → ⓐ → ⓑ　　　ニ．ⓒ → ⓑ → ⓐ

④で示す装置を使用する主な目的は。

イ．計器用変圧器を雷サージから保護する。
ロ．計器用変圧器の内部短絡事故が主回路に波及することを防止する。
ハ．計器用変圧器の過負荷を防止する。
ニ．計器用変圧器の欠相を防止する。

⑤に設置する機器は。

イ．

ロ．

ハ．

ニ．

問 46 ⑥で示す図記号の器具の名称は。

イ．試験用端子（電流端子）
ロ．試験用電流切換スイッチ
ハ．試験用端子（電圧端子）
ニ．試験用電圧切換スイッチ

 問 47 ⑦に設置する機器として、一般的に使用されるものの図記号は。

イ． 　ロ． 　ハ． 　ニ．

 問 48 ⑧で示す機器の名称は。

イ．限流ヒューズ付高圧交流遮断器
ロ．ヒューズ付高圧カットアウト
ハ．限流ヒューズ付高圧交流負荷開閉器
ニ．ヒューズ付断路器

⑨で示す部分に使用する CVT ケーブルとして、**適切なもの**は。

イ.

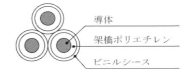

導体
内部半導電層
架橋ポリエチレン
外部半導電層
銅シールド
ビニルシース

ロ.

導体
内部半導電層
架橋ポリエチレン
外部半導電層
銅シールド
ビニルシース

ハ.

導体
ビニル絶縁体
ビニルシース

ニ.

導体
架橋ポリエチレン
ビニルシース

⑩で示す動力制御盤内から電動機に至る配線で、必要とする電線本数（心線数）は。

イ. 3
ロ. 4
ハ. 5
ニ. 6

第一種電気工事士

令和3 年度【午後】 筆記試験問題

試験時間　2 時間 20 分

合格基準点　60 点以上

試験問題に使用する図記号等と国際規格の本試験での取り扱いについて

1. 試験問題に使用する図記号等

　試験問題に使用される図記号は、原則として「JIS C 0617-1 ～ 13 電気用図記号」及び「JIS C 0303：2000 構内電気設備の配線用図記号」を使用することとします。

2.「電気設備の技術基準の解釈」の適用について

　「電気設備の技術基準の解釈について」の第 218 条、第 219 条の「国際規格の取り入れ」の条項は本試験には適用しません。

解 答 一 覧　➡　p.142
答 案 用 紙　➡　別冊 p.104
解答・解説　➡　別冊 p.84

次の各問いには4通りの答え（**イ、ロ、ハ、ニ**）が書いてある。それぞれの問いに対して答えを1つ選びなさい。

なお、選択肢が数値の場合は、最も近い値を選びなさい。

問 1 図のように、空気中に距離 r [m] 離れて、2つの点電荷 $+Q$ [C] と $-Q$ [C] があるとき、これらの点電荷間に働く力 F [N] は。

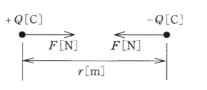

イ．$\dfrac{Q}{r^2}$ に比例する

ロ．$\dfrac{Q}{r}$ に比例する

ハ．$\dfrac{Q^2}{r^2}$ に比例する

ニ．$\dfrac{Q^3}{r}$ に比例する

問 2 図のような直流回路において、4つの抵抗 R は同じ抵抗値である。回路の電流 I_3 が 12A であるとき、抵抗 R の抵抗値 [Ω] は。

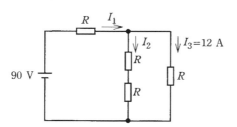

イ．2
ロ．3
ハ．4
ニ．5

114

問 3　図のような交流回路において、電源電圧は 120V、抵抗は 8Ω、リアクタンスは 15Ω、回路電流は 17A である。この回路の力率 ［%］ は。

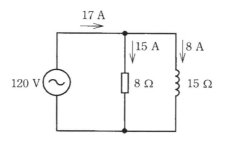

17 A

15 A　8 A

120 V　8 Ω　15 Ω

イ．38
ロ．68
ハ．88
ニ．98

問 4　図に示す交流回路において、回路電流 I の値が最も小さくなる I_R、I_L、I_C の値の組合せとして、**正しいものは。**

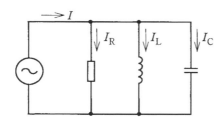

I

I_R　I_L　I_C

イ．$I_R = 8A$　ロ．$I_R = 8A$　ハ．$I_R = 8A$　ニ．$I_R = 8A$
　　$I_L = 9A$　　　$I_L = 2A$　　　$I_L = 10A$　　　$I_L = 10A$
　　$I_C = 3A$　　　$I_C = 8A$　　　$I_C = 2A$　　　$I_C = 10A$

図のような三相交流回路において、線電流 I の値〔A〕は。

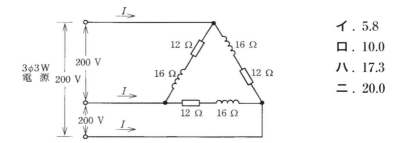

イ．5.8
ロ．10.0
ハ．17.3
ニ．20.0

図のような、三相3線式配電線路で、受電端電圧が6 700V、負荷電流が20A、深夜で軽負荷のため力率が0.9（進み力率）のとき、配電線路の送電端の線間電圧〔V〕は。

ただし、配電線路の抵抗は1線当たり0.8Ω、リアクタンスは1.0Ωであるとする。

なお、$\cos\theta = 0.9$ のとき $\sin\theta = 0.436$ であるとし、適切な近似式を用いるものとする。

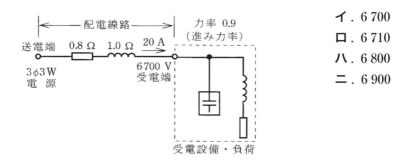

イ．6 700
ロ．6 710
ハ．6 800
ニ．6 900

問 7　図のように三相電源から、三相負荷（定格電圧 200V、定格消費電力 20kW、遅れ力率 0.8）に電気を供給している配電線路がある。配電線路の電力損失を最小とするために必要なコンデンサの容量［kvar］の値は。

　　　ただし、電源電圧及び負荷インピーダンスは一定とし、配電線路の抵抗は 1 線当たり 0.1Ω で、配電線路のリアクタンスは無視できるものとする。

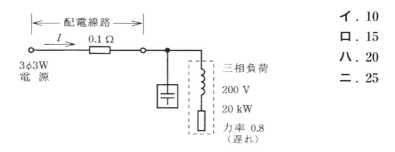

イ．10
ロ．15
ハ．20
ニ．25

問 8　線間電圧 V［kV］の三相配電系統において、受電点からみた電源側の百分率インピーダンスが Z［%］（基準容量：10MV・A）であった。受電点における三相短絡電流［kA］を示す式は。

イ．$\dfrac{10\sqrt{3}\,Z}{V}$

ロ．$\dfrac{1\,000}{VZ}$

ハ．$\dfrac{1\,000}{\sqrt{3}VZ}$

ニ．$\dfrac{10Z}{V}$

　図のように、直列リアクトルを設けた高圧進相コンデンサがある。この回路の無効電力（設備容量）［var］を示す式は。

　　ただし、$X_L < X_C$ とする。

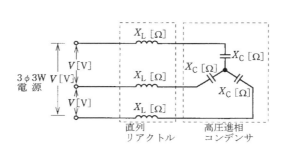

イ．$\dfrac{V^2}{X_C - X_L}$

ロ．$\dfrac{V^2}{X_C + X_L}$

ハ．$\dfrac{X_C V}{X_C - X_L}$

ニ．$\dfrac{V}{X_C - X_L}$

　三相かご形誘導電動機の始動方法として、**用いられないもの**は。

　　イ．全電圧始動（直入れ）
　　ロ．スターデルタ始動
　　ハ．リアクトル始動
　　ニ．二次抵抗始動

　図のように、単相変圧器の二次側に 20 Ω の抵抗を接続して、一次側に 2 000V の電圧を加えたら一次側に 1A の電流が流れた。この時の単相変圧器の二次電圧 V_2［V］は。

　　ただし、巻線の抵抗や損失を無視するものとする。

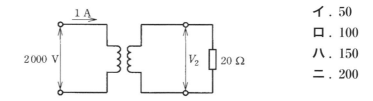

イ．50

ロ．100

ハ．150

ニ．200

問 12 電磁調理器（IH 調理器）の加熱方法は。

イ．アーク加熱
ロ．誘導加熱
ハ．抵抗加熱
ニ．赤外線加熱

 問 13 LED ランプの記述として、**誤っているものは**。

イ．LED ランプは pn 接合した半導体に電圧を加えることにより
　　発光する現象を利用した光源である。
ロ．LED ランプに使用される LED チップ（半導体）の発光に必
　　要な順方向電圧は、直流 100V 以上である。
ハ．LED ランプの発光原理はエレクトロルミネセンスである。
ニ．LED ランプには、青色 LED と黄色を発光する蛍光体を使用
　　し、白色に発光させる方法がある。

 問 14 写真の三相誘導電動機の構造において矢印で示す部分の名称
は。

イ．固定子巻線
ロ．回転子鉄心
ハ．回転軸
ニ．ブラケット

問 15 写真に示す矢印の機器の名称は。

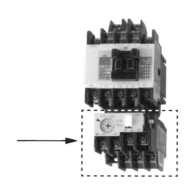

イ．自動温度調節器
ロ．漏電遮断器
ハ．熱動継電器
ニ．タイムスイッチ

問 16 水力発電所の水車の種類を、適用落差の最大値の高いものから低いものの順に左から右に並べたものは。

イ．ペルトン水車　　　フランシス水車　　　プロペラ水車
ロ．ペルトン水車　　　プロペラ水車　　　　フランシス水車
ハ．プロペラ水車　　　フランシス水車　　　ペルトン水車
ニ．フランシス水車　　プロペラ水車　　　　ペルトン水車

問 17 同期発電機を並行運転する条件として、**必要でないものは**。

イ．周波数が等しいこと。
ロ．電圧の大きさが等しいこと。
ハ．電圧の位相が一致していること。
ニ．発電容量が等しいこと。

問 18　単導体方式と比較して、多導体方式を採用した架空送電線路の特徴として、**誤っているのは**。

イ．電流容量が大きく、送電容量が増加する。
ロ．電線表面の電位の傾きが下がり、コロナ放電が発生しやすい。
ハ．電線のインダクタンスが減少する。
ニ．電線の静電容量が増加する。

問 19　ディーゼル発電装置に関する記述として、**誤っているものは**。

イ．ディーゼル機関は点火プラグが不要である。
ロ．ディーゼル機関の動作工程は、吸気→爆発（燃焼）→圧縮→排気である。
ハ．回転むらを滑らかにするために、はずみ車が用いられる。
ニ．ビルなどの非常用予備発電装置として、一般に使用される。

問 20　高圧電路に施設する避雷器に関する記述として、**誤っているものは**。

イ．雷電流により、避雷器内部の高圧限流ヒューズが溶断し、電気設備を保護した。
ロ．高圧架空電線路から電気の供給を受ける受電電力 500kW の需要場所の引込口に施設した。
ハ．近年では酸化亜鉛（ZnO）素子を使用したものが主流となっている。
ニ．避雷器には A 種接地工事を施した。

3 年度〔午後〕

一般問題

問 21 B種接地工事の接地抵抗値を求めるのに**必要とするものは**。

イ．変圧器の高圧側電路の1線地絡電流［A］

ロ．変圧器の容量［kV・A］

ハ．変圧器の高圧側ヒューズの定格電流［A］

ニ．変圧器の低圧側電路の長さ［m］

問 22 写真に示す機器の文字記号（略号）は。

イ．CB

ロ．PC

ハ．DS

ニ．LBS

問 23 写真に示す機器の用途は。

イ．力率を改善する。

ロ．電圧を変圧する。

ハ．突入電流を抑制する。

ニ．高調波を抑制する。

写真に示すコンセントの記述として、**誤っているものは**。

イ．病院などの医療施設に使用されるコンセントで、手術室や集中治療室（ICU）などの特に重要な施設に設置される。

ロ．電線及び接地線の接続は、本体裏側の接続用の穴に電線を差し込み、一般のコンセントに比べ外れにくい構造になっている。

ハ．コンセント本体は、耐熱性及び耐衝撃性が一般のコンセントに比べて優れている。

ニ．電源の種別（一般用・非常用等）が容易に識別できるように、本体の色が白の他、赤や緑のコンセントもある。

地中に埋設又は打ち込みをする接地極として、**不適切なものは**。

イ．縦 900mm×横 900mm×厚さ 2.6mm のアルミ板

ロ．縦 900mm×横 900mm×厚さ 1.6mm の銅板

ハ．直径 14mm 長さ 1.5m の銅溶覆鋼棒

ニ．内径 36mm 長さ 1.5m の厚鋼電線管

 **問 26** 次に示す工具と材料の組合せで、**誤っているものは。**

	工具	材料
イ		材料
ロ		
ハ		
ニ	黄色	

問 27 金属管工事の施工方法に関する記述として、**適切なものは**。

イ．金属管に、屋外用ビニル絶縁電線を収めて施設した。
ロ．金属管に、高圧絶縁電線を収めて、高圧屋内配線を施設した。
ハ．金属管内に接続点を設けた。
ニ．使用電圧が 400V の電路に使用する金属管に接触防護措置を施したので、D 種接地工事を施した。

問 28 絶縁電線相互の接続に関する記述として、**不適切なものは**。

イ．接続部分には、接続管を使用した。
ロ．接続部分を、絶縁電線の絶縁物と同等以上の絶縁効力のあるもので、十分に被覆した。
ハ．接続部分において、電線の引張り強さが 10%減少した。
ニ．接続部分において、電線の電気抵抗が 20%増加した。

問 29 使用電圧が 300V 以下の低圧屋内配線のケーブル工事の施工方法に関する記述として、**誤っているものは**。

イ．ケーブルを造営材の下面に沿って水平に取り付け、その支持点間の距離を 3m にして施設した。
ロ．ケーブルの防護装置に使用する金属製部分に D 種接地工事を施した。
ハ．ケーブルに機械的衝撃を受けるおそれがあるので、適当な防護装置を設けた。
ニ．ケーブルを接触防護措置を施した場所に垂直に取り付け、その支持点間の距離を 5m にして施設した。

解答・解説▶別冊 p.93 ～ 95

問い 30 から問い 34 までは、下の図に関する問いである。

　図は、自家用電気工作物構内の高圧受電設備を表した図である。

この図に関する各問いには、4通りの答え（**イ、ロ、ハ、ニ**）が書いてある。それぞれの問いに対して、答えを1つ選びなさい。

　〔注〕図において、問いに直接関係のない部分等は、省略又は簡略化してある。

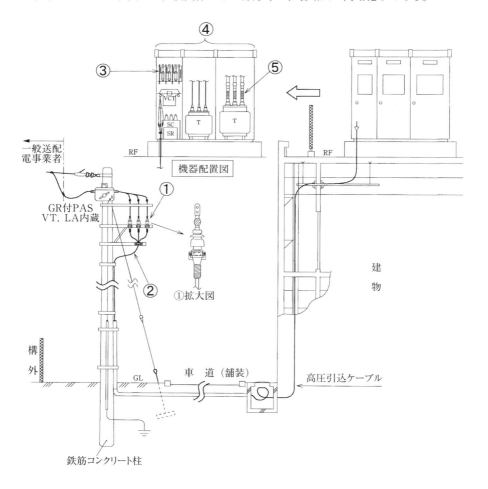

問 30　①に示す CVT ケーブルの終端接続部の名称は。

イ．ゴムとう管形屋外終端接続部
ロ．耐塩害屋外終端接続部
ハ．ゴムストレスコーン形屋外終端接続部
ニ．テープ巻形屋外終端接続部

 問 31　②に示す高圧引込ケーブルの太さを検討する場合に、**必要のない事項は**。

イ．受電点の短絡電流
ロ．電路の完全地絡時の 1 線地絡電流
ハ．電線の短時間耐電流
ニ．電線の許容電流

 問 32　③に示す高圧受電盤内の主遮断装置に、限流ヒューズ付高圧交流負荷開閉器を使用できる受電設備容量の最大値は。

イ．200kW　　ロ．300kW　　ハ．300kV・A　　ニ．500kV・A

問 33　④に示す受電設備の維持管理に必要な定期点検のうち、年次点検で通常**行わないものは**。

イ．絶縁耐力試験
ロ．保護継電器試験
ハ．接地抵抗の測定
ニ．絶縁抵抗の測定

問 34　⑤に示す可とう導体を使用した施設に関する記述として、**不適切なものは。**

イ．可とう導体は、低圧電路の短絡等によって、母線に異常な過電流が流れたとき、限流作用によって、母線や変圧器の損傷を防止できる。

ロ．可とう導体には、地震による外力等によって、母線が短絡等を起こさないよう、十分な余裕と絶縁セパレータを施設する等の対策が重要である。

ハ．可とう導体を使用する主目的は、低圧母線に銅帯を使用したとき、過大な外力により、ブッシングやがいし等の損傷を防止しようとするものである。

ニ．可とう導体は、防振装置との組合せ設置により、変圧器の振動による騒音を軽減することができる。ただし、地震による機器等の損傷を防止するためには、耐震ストッパの施設を併せて考慮する必要がある。

問 35　「電気設備の技術基準の解釈」において、停電が困難なため低圧屋内配線の絶縁性能を、漏えい電流を測定して判定する場合、使用電圧が 200V の電路の漏えい電流の上限値として、**適切なものは。**

イ．0.1mA

ロ．0.2mA

ハ．1.0mA

ニ．2.0mA

問 36　　過電流継電器の最小動作電流の測定と限時特性試験を行う場合、**必要でないものは**。

イ．電力計
ロ．電流計
ハ．サイクルカウンタ
ニ．可変抵抗器

問 37　　変圧器の絶縁油の劣化診断に**直接関係のないものは**。

イ．絶縁破壊電圧試験
ロ．水分試験
ハ．真空度測定
ニ．全酸価試験

問 38　　「電気工事士法」において、第一種電気工事士に関する記述として、**誤っているものは**。

イ．第一種電気工事士試験に合格したが所定の実務経験がなかったので、第一種電気工事士免状は、交付されなかった。
ロ．自家用電気工作物で最大電力 500kW 未満の需要設備の電気工事の作業に従事するときに、第一種電気工事士免状を携帯した。
ハ．第一種電気工事士免状の交付を受けた日から 4 年目に、自家用電気工作物の保安に関する講習を受けた。
ニ．第一種電気工事士の免状を持っているので、自家用電気工作物で最大電力 500kW 未満の需要設備の非常用予備発電装置工事の作業に従事した。

**問 39**　「電気工事業の業務の適正化に関する法律」において、電気工事業者が、一般用電気工事のみの業務を行う営業所に**備え付けなくてもよい器具は**。

イ．絶縁抵抗計
ロ．接地抵抗計
ハ．抵抗及び交流電圧を測定することができる回路計
ニ．低圧検電器

問 40　「電気用品安全法」において、交流の電路に使用する定格電圧 100V 以上 300V 以下の機械器具であって、特定電気用品は。

イ．定格電圧 100V、定格電流 60A の配線用遮断器
ロ．定格電圧 100V、定格出力 0.4kW の単相電動機
ハ．定格静電容量 100μF の進相コンデンサ
ニ．定格電流 30A の電力量計

図は、高圧受電設備の単線結線図である。この図の矢印で示す 10 箇所に関する各問いには、4 通りの答え（**イ、ロ、ハ、ニ**）が書いてある。それぞれの問いに対して、答えを 1 つ選びなさい。

〔注〕 図において、問いに直接関係のない部分等は、省略又は簡略化してある。

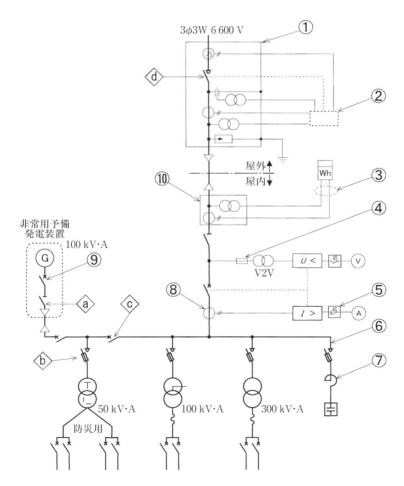

3φ3W 6 600 V

屋外
屋内

Wh

非常用予備
発電装置
100 kV·A
G

V2V
U <
VS
V

I >
AS
A

50 kV·A
防災用

100 kV·A

300 kV·A

①に設置する機器は。

イ.

ロ.

ハ.

ニ.

②で示す部分に設置する機器の図記号と文字記号（略号）の組合せとして、**正しいものは**。

イ.

OCGR

ロ.

$\boxed{I \doteq <}$

DGR

ハ.

$\boxed{I \doteq >}$

OCGR

ニ.

$\boxed{I \doteq >}$

DGR

問 43 ③の部分の電線本数（心線数）は。

イ．2 又は 3
ロ．4 又は 5
ハ．6 又は 7
ニ．8 又は 9

問 44 ④の部分に施設する機器と使用する本数は。

イ．

4 本

ロ．

2 本

ハ．

2 本

ニ．

4 本

問 45 ⑤に設置する機器の役割は。

イ．電流計で電流を測定するために適切な電流値に変流する。

ロ．1個の電流計で負荷電流と地絡電流を測定するために切り換える。

ハ．1個の電流計で各相の電流を測定するために相を切り換える。

ニ．大電流から電流計を保護する。

問 46 ⑥で示す高圧絶縁電線（KIP）の構造は。

イ．

銅導体
半導電層
架橋ポリエチレン
半導電層テープ
銅遮へいテープ
押さえテープ
ビニルシース

ロ．

銅導体
セパレータ
架橋ポリエチレン
ビニルシース

ハ．

塩化ビニル樹脂混合物
銅導体

ニ．

銅導体
セパレータ
EPゴム
（エチレンプロピレンゴム）

⑦で示す直列リアクトルのリアクタンスとして、**適切なもの**は。

 イ．コンデンサリアクタンスの 3%
 ロ．コンデンサリアクタンスの 6%
 ハ．コンデンサリアクタンスの 18%
 ニ．コンデンサリアクタンスの 30%

 問 48 ⑧で示す部分に施設する機器の複線図として、**正しいものは**。

イ．

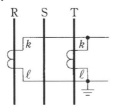

ロ．

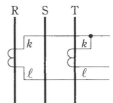

ハ．

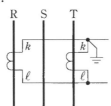

ニ．

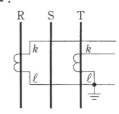

3年度【午後】

配線図

**問 49** ⑨で示す機器とインタロックを施す機器は。

ただし、非常用予備電源と常用電源を電気的に接続しないものとする。

イ. a　　ロ. b　　ハ. c　　ニ. d

**問 50** ⑩で示す機器の名称は。

イ．計器用変圧器
ロ．零相変圧器
ハ．コンデンサ形計器用変圧器
ニ．電力需給用計器用変成器

memo

令和5年度【午後】 解答一覧

① 一般問題

問	答	問	答	問	答	問	答
1	イ ロ **ハ** ニ	11	**イ** ロ ハ ニ	21	**イ** ロ ハ ニ	31	イ ロ ハ **ニ**
2	イ **ロ** ハ ニ	12	**イ** ロ ハ ニ	22	**イ** ロ ハ ニ	32	**イ** ロ ハ ニ
3	イ ロ **ハ** ニ	13	イ ロ ハ **ニ**	23	イ ロ **ハ** ニ	33	**イ** ロ ハ ニ
4	イ **ロ** ハ ニ	14	イ **ロ** ハ ニ	24	**イ** ロ ハ ニ	34	イ ロ **ハ** ニ
5	イ **ロ** ハ ニ	15	イ ロ ハ **ニ**	25	イ ロ ハ **ニ**	35	**イ** ロ ハ ニ
6	イ ロ **ハ** ニ	16	イ ロ ハ **ニ**	26	イ ロ ハ **ニ**	36	イ **ロ** ハ ニ
7	イ **ロ** ハ ニ	17	イ ロ **ハ** ニ	27	イ ロ ハ **ニ**	37	イ **ロ** ハ ニ
8	イ **ロ** ハ ニ	18	イ ロ ハ **ニ**	28	イ ロ ハ **ニ**	38	イ ロ ハ **ニ**
9	**イ** ロ ハ ニ	19	イ ロ ハ **ニ**	29	イ **ロ** ハ ニ	39	**イ** ロ ハ ニ
10	イ ロ ハ **ニ**	20	イ ロ **ハ** ニ	30	**イ** ロ ハ ニ	40	イ ロ ハ **ニ**

② 配線図

問	答
41	イ ロ ハ **ニ**
42	イ ロ **ハ** ニ
43	イ ロ ハ **ニ**
44	イ **ロ** ハ ニ
45	**イ** ロ ハ ニ
46	イ **ロ** ハ ニ
47	イ ロ ハ **ニ**
48	イ ロ **ハ** ニ
49	イ **ロ** ハ ニ
50	イ ロ ハ **ニ**

令和5年度【午前】 解答一覧

問	答	問	答	問	答	問	答
\[1\] 一般問題							
1	イ	11	ニ	21	ハ	31	ハ
2	ハ	12	ハ	22	イ	32	ロ
3	ハ	13	ロ	23	ニ	33	イ
4	ロ	14	ハ	24	イ	34	ニ
5	ロ	15	イ	25	ハ	35	ニ
6	ロ	16	ハ	26	ロ	36	ニ
7	ハ	17	ロ	27	イ	37	イ
8	イ	18	ロ	28	ニ	38	ニ
9	ハ	19	ロ	29	ハ	39	ロ
10	イ	20	ハ	30	ロ	40	ニ

問	答
\[2\] 配線図	
41	ニ
42	ハ
43	ロ
44	イ
45	ニ
46	イ
47	ハ
48	ニ
49	ロ
50	ハ

139

令和４年度【午後】　解答一覧

① 一般問題

問	答	問	答	問	答	問	答
1	ハ	11	ハ	21	イ	31	イ
2	ハ	12	ハ	22	ロ	32	ロ
3	ロ	13	ニ	23	ロ	33	ニ
4	ニ	14	ロ	24	イ	34	イ
5	ニ	15	ロ	25	イ	35	ニ
6	ハ	16	ロ	26	ハ	36	ハ
7	ハ	17	イ	27	イ	37	ニ
8	ロ	18	ハ	28	ロ	38	イ
9	ニ	19	イ	29	ロ	39	ハ
10	ニ	20	イ	30	イ	40	ハ

② 配線図

問	答
41	ハ
42	ロ
43	ハ
44	ニ
45	イ
46	ニ
47	ハ
48	ニ
49	イ
50	ニ

令和４年度【午前】 解答一覧

問	答	問	答	問	答	問	答
				① 一般問題			
1	イ	11	ロ	21	ハ	31	ハ
2	ニ	12	ニ	22	ニ	32	ロ
3	イ	13	イ	23	イ	33	イ
4	ニ	14	ニ	24	ニ	34	ハ
5	ロ	15	ロ	25	ハ	35	イ
6	イ	16	ロ	26	ニ	36	ロ
7	ハ	17	ハ	27	ロ	37	ニ
8	ニ	18	ロ	28	ニ	38	ハ
9	ロ	19	ハ	29	ロ	39	ロ
10	イ	20	イ	30	ハ	40	ハ

問	答
② 配線図	
41	ハ
42	ロ
43	ロ
44	ロ
45	イ
46	ハ
47	ハ
48	ハ
49	ニ
50	ニ

令和3年度【午後】 解答一覧

1 一般問題									
問	答	問	答	問	答	問	答
1	ハ	11	ニ	21	イ	31	ロ
2	ロ	12	ロ	22	ロ	32	ハ
3	ハ	13	ロ	23	イ	33	イ
4	ニ	14	ロ	24	ロ	34	イ
5	ハ	15	ハ	25	イ	35	ハ
6	ロ	16	イ	26	ロ	36	イ
7	ロ	17	ニ	27	ニ	37	ハ
8	ハ	18	ロ	28	ニ	38	ニ
9	イ	19	ロ	29	イ	39	ロ
10	ニ	20	イ	30	ロ	40	イ

2 配線図	
問	答
41	イ
42	ハ
43	ハ
44	イ
45	イ
46	ハ
47	ロ
48	ニ
49	ハ
50	イ

memo

本書の正誤情報等は、下記のアドレスでご確認ください。
http://www.s-henshu.info/1dkkm2312/

上記掲載以外の箇所で正誤についてお気づきの場合は、**書名・発行日・質問事項（該当ページ・行数・問題番号**などと**誤りだと思う理由）・氏名・連絡先**を明記のうえ、お問い合わせください。
・webからのお問い合わせ：上記アドレス内【正誤情報】へ
・郵便またはFAXでのお問い合わせ：下記住所またはFAX番号へ
※**電話でのお問い合わせはお受けできません。**

〔宛先〕コンデックス情報研究所「詳解 第一種電気工事士過去問題集 '24年版」係
　　　　住所：〒359-0042　所沢市並木3-1-9
　　　　FAX番号：04-2995-4362（10：00〜17：00　土日祝日を除く）

※ **本書の正誤以外に関するご質問にはお答えいたしかねます。** また、受験指導などは行っておりません。
※ ご質問の受付期限は、2024年の学科試験日の10日前必着といたします。
※ 回答日時の指定はできません。また、ご質問の内容によっては回答まで10日前後お時間をいただく場合があります。
あらかじめご了承ください。

編著：コンデックス情報研究所
1990年6月設立。法律・福祉・技術・教育分野において、書籍の企画・執筆・編集、大学および通信教育機関との共同教材開発を行っている研究者・実務家・編集者のグループ。

詳解 第一種電気工事士 学科試験過去問題集 '24年版
2024年1月30日発行

編　著　コンデックス情報研究所
　　　　　　　じょうほう けんきゅうしょ
発行者　深見公子
発行所　成美堂出版
　　　　〒162-8445　東京都新宿区新小川町1-7
　　　　電話(03)5206-8151　FAX(03)5206-8159
印　刷　大盛印刷株式会社

©SEIBIDO SHUPPAN 2024 PRINTED IN JAPAN
ISBN978-4-415-23776-3
落丁・乱丁などの不良本はお取り替えします
定価はカバーに表示してあります

・本書および本書の付属物を無断で複写、複製（コピー）、引用することは著作権法上での例外を除き禁じられています。また代行業者等の第三者に依頼してスキャンやデジタル化することは、たとえ個人や家庭内の利用であっても一切認められておりません。

詳解 '24年版
第一種電気工事士
学科試験過去問題集

別冊

解答・解説編

※矢印の方向に引くと
　解答・解説編が取り外せます。

成美堂出版

詳解 '24年版
第一種電気工事士
学科試験 過去問題集

解答・解説

凡　例

電技 ………… 電気設備に関する技術基準を定める省令
電技解釈 …… 電気設備の技術基準の解釈

① 一般問題

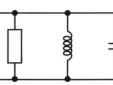

問1 ▶▶正解 ハ

　電気回路におけるオームの法則 ➡ $V=IR$ ➡同様の等式が磁気回路でも成り立つ。

　磁気回路のオームの法則 ➡ $F_m = \phi R_m$（F_m：起磁力 [A]、ϕ：磁束 [Wb]、R_m：磁気抵抗 [H^{-1}]）

　磁気回路のオームの法則に数値を代入。

$$F_m = \phi \times (R_1 + R_2) = 2 \times 10^{-3} \times (8 + 6) \times 10^{5}$$
$$= 2 \times 14 \times 10^{2} = 2800A$$

　よって、正解は**ハ**である。

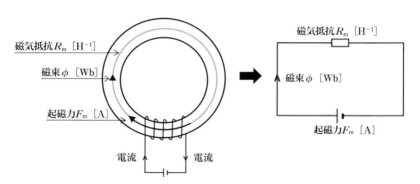

問2 ▶▶**正解　ロ**

　図の回路を合成抵抗を求めやすいように、等価回路に変換すると以下の図になる。

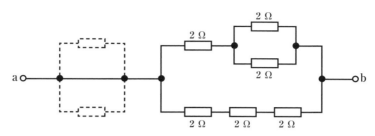

　図の上側回路の合成抵抗は、

$$2 + \frac{2 \times 2}{2 + 2} = 2 + 1 = 3\,Ω$$

下側回路の合成抵抗は、

$$2 + 2 + 2 = 6\,Ω$$

これより、a − b間の合成抵抗値は、

$$\frac{3 \times 6}{3 + 6} = 2\,Ω$$

よって、正解は**ロ**である。

問3 ▶▶**正解　ハ**

力率 $\cos\theta$ は、

「$\dfrac{\textbf{抵抗に流れる電流}}{\textbf{回路全体の電流}}$」の式で求めることができる。

力率 $\cos\theta = \dfrac{15}{17} \fallingdotseq 0.88$ ➡ 88%

よって、**ハ**が正しい。

▶▶正解　ロ

抵抗 20 Ω に流れる電流 I_R は、

$$I_R = \frac{120}{20} = 6\text{A}$$

誘導性リアクタンス 10 Ω に流れる電流 I_L は、

$$I_L = \frac{120}{10} = 12\text{A}$$

容量性リアクタンス 30 Ω に流れる電流 I_C は、

$$I_C = \frac{120}{30} = 4\text{A}$$

回路の電流 I はベクトル図より、

$$I = \sqrt{6^2 + (12 - 4)^2} = \sqrt{36 + 64}$$
$$= \sqrt{100} = 10\text{A}$$

となり、ロが正しい。

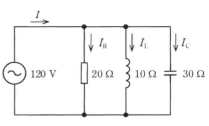

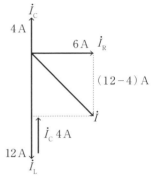

▶▶正解　ロ

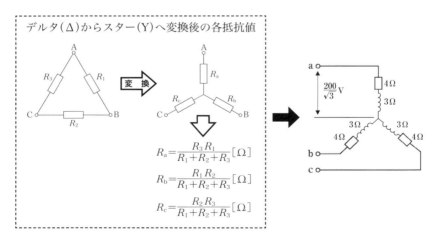

デルタ(Δ)からスター(Y)へ変換後の各抵抗値

$$R_a = \frac{R_3 R_1}{R_1 + R_2 + R_3} [\Omega]$$

$$R_b = \frac{R_1 R_2}{R_1 + R_2 + R_3} [\Omega]$$

$$R_c = \frac{R_2 R_3}{R_1 + R_2 + R_3} [\Omega]$$

はじめに、各 9Ω の Δ 結線を Y 結線に直す。

$$R_a = R_b = R_c = \frac{9 \times 9}{9 + 9 + 9} = 3\Omega$$

相電圧は、Y結線にしたので線間電圧 V の $\dfrac{1}{\sqrt{3}}$ 倍の $\dfrac{200}{\sqrt{3}}$ V となる。

インピーダンス Z は抵抗 4Ω と Y 結線変換後のリアクタンス 3Ω の値を使って求める。

$$Z = \sqrt{4^2 + 3^2} = \sqrt{16 + 9} = \sqrt{25} = 5\,\Omega$$

最後に、Y結線で電流を求める場合、$\dfrac{\text{相電圧}}{\text{インピーダンス } Z}$ となる。

$$I = \dfrac{\dfrac{200}{\sqrt{3}}}{5} = \dfrac{40}{\sqrt{3}}\ \text{A}$$

よって、正解は口である。

問6　▶▶正解　ハ

両配電方式の線路こう長、線路に用いられる導体材料や導体量、配電線の線間電圧は等しく、許容（流れる）電流は導体の断面積に比例するものとする。

各配電方式の全体の導体の量を1とすると、電線1線当たりの導体量は図aの単相3線式電路は $\dfrac{1}{3}$ で、図bの単相2線式電路は $\dfrac{1}{2}$ である。

電線1線当たりの断面積で考えると、図aと図bの断面積 $S_a : S_b$ $= \dfrac{1}{3} : \dfrac{1}{2}$

流れる電流は断面積に比例するので、図aと図bの、電線1線当たりに流れる電流は、I_b を基準 I とすると、$I_a : I_b$ (I) $= \dfrac{1}{3} : \dfrac{1}{2}$ で、

$\dfrac{1}{3} I = \dfrac{1}{2} I_a$ より、$I_a = \dfrac{2}{3} I$

図bの供給電力は、$P_b = VI$

図aの供給電力は、$P_a = 2VI_a = 2V \times \dfrac{2}{3} I = \dfrac{4}{3} VI$

以上より、図aの電線1線当たりの供給電力は図bの $\dfrac{4}{3}$ 倍である。

よって、正解はハである。

問 7 ▶▶正解　ロ

力率改善前の線路損失は、電線路抵抗を r ［Ω］とすれば、

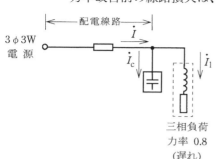

$$3I_1^2r = 2.5\text{kW}$$

力率改善後は、線路の力率が 1.0 になるので、下図より線路電流が改善前の I_1 A から $0.8I_1$ A となる。

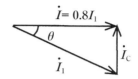

したがって、力率改善後の線路損失は、

$$3 \times (0.8I_1)^2r = 3 \times 0.8^2 \times I_1^2r = 0.8^2 \times 3I_1^2r = 0.8^2 \times 2.5 = 1.6\text{kW}$$

よって、正解は**ロ**である。

問 8 ▶▶正解　ロ

すべての百分率インピーダンス（%Z）を基準容量の 10MV·A に換算する。この場合、変電所の基準容量のみ 30MV·A であるため、これを 10MV·A の基準容量に換算する。

30MV·A 基準の負荷をかけた場合、21% の電圧降下があることを表すので、その $\dfrac{1}{3}$ の 10MV·A の負荷をかけた場合は、

$$\frac{\%Z}{3} = \frac{21\%}{3} = 7\% \text{ の電圧降下となる。}$$

受電点（A 点）からみた電源側の合成 %Z は、10MV·A 基準で、$2 + 7 + 3 = 12\%$ となる。

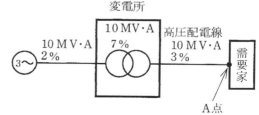

よって、正解は**ロ**である。

問 9

▶▶正解　**イ**

・相電圧 V'

電源電圧は V [V] なので、**相電圧 V'** は、$V' = \dfrac{V}{\sqrt{3}}$ [V]

・**1 相のリアクタンス X**

1 相のリアクタンス X は、誘導性リアクタンスと容量性リアクタンスが打ち消し合うので、

$$X = X_C - X_L$$

・線電流 I

$$I = V' \times \frac{1}{X} = \frac{V}{\sqrt{3}} \times \frac{1}{X_C - X_L}$$

・**3 相分の無効電力 Q**

$$Q = 3 \times I^2 \times X = 3 \times \left(\frac{V}{\sqrt{3}} \times \frac{1}{X_C - X_L} \right)^2 \times (X_C - X_L)$$

$$= \frac{V^2}{X_C - X_L} \ [\text{var}]$$

よって、正解は**イ**である。

問 10

▶▶正解　**ハ**

トルク特性とは、電動機の回転速度に応じた回転力（トルク）の変化を示すものである。一般用低圧三相かご形誘導電動機では、次のような曲線になる。

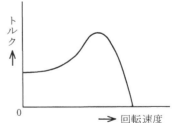

よって、正解は**ハ**である。

▶▶正解　イ

鉄損とは、鉄心に生じる「ヒステリシス損＋うず電流損」である。

ヒステリシス損は、一次電圧の 2 乗に比例し、周波数に反比例するので、一次電圧が高くなるとヒステリシス損が増えて鉄損が増加する。

また、うず電流損は、周波数の 2 乗に比例する。

よって、正解は**イ**である。

▶▶正解　ロ

JIS Z 9110：2010 より抜粋した維持照度の推奨値は、次表の通り。

ただし、教室の照度は、児童生徒等の机上での維持照度。

よって、正解は**ロ**である。

領域、作業、又は活動の種類		維持照度 E_m(lx)
学習空間	製図室	750
	被服教室	500
	電子計算機室	500
	実験実習室	500
	図書閲覧室	500
	教室	300
	体育館	300
	講堂	200

▶▶正解　ロ

燃料電池とは、水素などの燃料や空気中の酸素を用い、電気エネルギーを得る電池で、りん酸形燃料電池とは、りん酸水溶液（H_3PO_4）を電解液とする燃料電池である。

りん酸形燃料電池の仕組みは、

①負極に水素ガス H_2 を供給すると、水素 H_2 が電子 e^- を離して水素イオン H^+ となる。

　また、未反応ガス（水素）が発生する。

②放出された e^- と H^+ はそれぞれ正極側に伝わっていく。

③正極で、酸素 O_2 を供給すると、e^- と H^+ と反応し水 H_2O を生成する。

　反応式は、$4e^- + 4H^+ + O_2 \rightarrow 2H_2O$

よって、正しいものは**ロ**である。

問 14 ▶▶正解 ロ

バスダクトの写真である。バスダクトとは、アルミニウムや銅の導体を絶縁物で覆い、鋼板のケースに収めたもので、直線やエルボなど様々な形状のユニットを組み合わせ、ブロックのようにつなぎ合わせることで、電路を形成する。点線で囲んだ部分は、天井からバスダクトを吊っている吊り金物である。

よって、名称は**ロ**である。

> 問題の写真では分かり難いですが、点線で囲った箇所はバスダクトを吊るための金具です。バスダクトの一部ではありません。

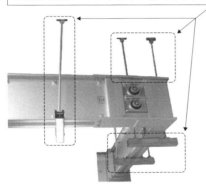

問 15 ▶▶正解 ニ

問題の図では、主幹と負荷の間に設置されているので、サージ防護デバイス（SPD：Surge Protective Device）である。

雷保護として以前は、避雷針や接地など建築物の保護が中心だったが、近年は電気・電子機器の被害が増えたのに伴い、避雷器（サージ防護デバイス）が注目されるようになった。

よって、正解は**ニ**である。

▶▶正解　ニ

　ガスタービンと蒸気タービンを組み合わせた二重の発電方式のコンバインドサイクル発電である。最初に圧縮空気の中で燃料を燃やしてガスを発生させ、その圧力でガスタービンを回して発電を行う。

　ガスタービンを回し終えた排ガスは、まだ十分な余熱があるため、この余熱を使って水を沸騰させ、蒸気タービンによる発電を行う。

　コンバインドサイクル発電は、同じ量の燃料で、通常の火力発電より多くの電力をつくることができる。

　よって、正解は**ニ**である。

▶▶正解　ハ

水力発電所の発電機出力は、

　$9.8 \times Q$（水量）$\times H$（有効落差）$\times \eta$（効率）

　$= 9.8 \times 20 \times 100 \times \dfrac{85}{100} = 16660\text{kW} \fallingdotseq 16.7\text{MW}$ となる。

よって、正解は**ハ**である。

▶▶正解　ニ

　高圧ケーブルの電力損失に関わるものとして、抵抗損、誘電損、シース損がある。

　抵抗損は、導体に電流が流れることで発生する損失で、電流の2乗に比例する。

　誘電損は、交流電圧によってケーブルの絶縁体内に発生する損失である。

　シース損は、ケーブルの金属シースへの誘導電流によって発生する損失である。

　ニの鉄損は、変圧器などの鉄心部を交流で励磁するとき鉄心に発生する損失であり、**高圧ケーブルの電力損失に該当しない。**

　よって、該当しないものは**ニ**である。

問19 ▶▶**正解 ニ**

同一容量の単相変圧器の並行運転の条件は下記の通り。

①**極性一致**➡極性が一致していないと位相がずれて循環電流が流れる。

②**変圧比が等しい**➡電圧が一致していないと循環電流が流れる。

③**インピーダンス電圧が等しい**➡等しいと変圧器をフルに使用できる。等しくなくても並行運転は可能だが、変圧器をフルに使用できない。

以上より、各変圧器の効率が等しいことは、並行運転の条件ではない。

よって、必要でないものは**ニ**である。

問20 ▶▶**正解 ハ**

高圧交流真空電磁接触器は、主接触子を電磁石の力で開閉する装置であり、**高頻度開閉**を行う高圧機器の開閉器として使用される。

よって、正解は**ハ**である。

イの**高圧断路器**は、DS（ディスコン）と呼ばれ、負荷電流が流れていない、充電されているだけの回路を開閉するための装置である。

ロの**高圧交流負荷開閉器**（Load Break Switch：LBS）は、変圧器やコンデンサなどの高圧機器や電路の入・切のために使用される開閉器である。

写真提供：富士電機機器制御株式会社

ニの**高圧交流遮断器**は、キュービクルなどの高圧受電設備に用いられる電気機器であり、主に短絡電流や過電流などの大電流を遮断するために使用される。

▶▶正解　イ

　B種接地工事は、高圧または特別高圧電路と低圧電路とを結合する変圧器の**低圧側中性点**の接地に適用される。目的は、高圧または**特別高圧電路と低圧電路が混触**したとき、**低圧電路の対地電圧が危険電圧まで上昇しない**ようにするためである。

　・混触時の低圧側電位上昇の限度が**150V以下**になるように、接地抵抗値が決められている。
　・混触の際に高圧電路を1秒を超え2秒以内に遮断すれば、低圧側電位上昇の限度は300V以下で良い。
　・1秒以内に遮断すれば、600V以下で良い。

　表で示されているように、B種接地工事の接地抵抗値を求めるには変圧器高圧側電路の**1線地絡電流**が必要である。

　よって、必要とするものは**イ**である。

遮断時間	B種接地抵抗値	
下記以外	$\dfrac{150}{\text{線路の1線地絡電流}}$	［Ω］以下
1秒を超え2秒以下	$\dfrac{300}{\text{線路の1線地絡電流}}$	［Ω］以下
1秒以下	$\dfrac{600}{\text{線路の1線地絡電流}}$	［Ω］以下

▶▶正解　イ

　写真に示す機器は、**計器用変圧器（VT）**である。高電圧を低電圧に変圧する。高電圧を低電圧に変圧し、計器や継電器を作動させるために用いる。

　よって、機器の用途は**イ**である。

問 23 ▶▶正解 ハ

過電流蓄勢トリップ付地絡トリップ形（SOG）の地絡継電装置付高圧交流負荷開閉器（GR 付 PAS）は、電力会社との責任分界点近傍に設置し、SOG 動作機能により需要家内で起きた電気事故（短絡・地絡等）による波及事故を防ぐための開閉器である。SO 動作と GR 動作の二種類の機能がある。

「SO（Storage Over Current）動作：蓄勢＋過電流」➡需要家内の短絡・過電流事故時

①遮断命令をメモリーして、開放（遮断）待機。

②電力会社の配電用遮断器が短絡事故を検知して遮断。

　➡電力会社の配電用遮断器が自動再閉路（投入）するまで瞬時停電が発生。

③瞬間停電中は、電流が流れない。

　➡①で待機していた PAS が開放動作（遮断）を実行。

④短絡事故をおこした需要家の PAS が遮断され、事故原因が切り離されたので、電力会社の配電用遮断器が再閉路（投入）しても、今度は遮断されることなく付近は瞬時停電だけで電気が復旧（需要家側は GR 付 PAS が遮断された状態のため全館停電中）。

「GR（Ground Relay）動作：地絡継電器」➡需要家内の地絡発生時

地絡電流が流れた場合に、電力会社側の地絡継電器よりも早く GR 付 PAS を遮断させる。地絡事故時、地絡電流はケーブルシールドを流れケーブル導体には負荷電流しか流れていないので、GR 付 PAS の消弧能力で遮断が可能である。

よって、誤っているのはハである。

▶▶正解　イ

引込柱の支線工事に使用する材料の組合せは、**イ**の**亜鉛めっき鋼より線、玉がいし、アンカ**である。

クランプとは、電線をがいしで支えるとき、電線を止めるために使う金具で、耐張がいし装置に用いるクランプを**耐張クランプ**という。

巻付グリップとは、支線及びメッセンジャーワイヤの引留及び直線接続に用いる留め具である。

スリーブとは、電線を接続するための部品である。

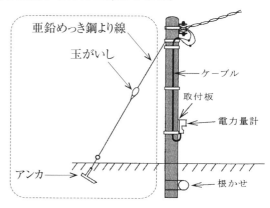

よって、正しいものは**イ**である。

▶▶正解　ロ

写真の材料は、**インサート**である。コンクリート天井に埋め込んで、吊ボルトを取り付ける。左側はデッキプレート用、右側は型枠用である。

よって、材料の名称は**ロ**である。

問 26 ▶▶正解　ロ

　写真の器具は、「短絡接地器具と収納袋（接地中の表示物としても使用可能）」である。

　労働安全衛生規則第 339 条（停電作業を行なう場合の措置）第 1 項第三号に、「開路した電路が高圧又は特別高圧であつたものについては、検電器具により停電を確認し、かつ、誤通電、他の電路との混触又は他の電路からの誘導による感電の危険を防止するため、短絡接地器具を用いて確実に短絡接地すること。」と規定されている。

　よって、正しいものはロである。

問 27 ▶▶正解　ロ

　イ：電技解釈第 149 条（低圧分岐回路等の施設）に、「低圧分岐回路には、次の各号により過電流遮断器及び開閉器を施設すること。」と規定がある。

　ロ：幹線ではなく、イに示してあるように**低圧分岐回路に過電流遮断器を施設**する。

　ハ：一般的に低圧分岐回路のみ動作させるので、低圧分岐回路に〈PS〉E の表示のある漏電遮断器を施設する。内線規程に、感電保護を目的としている場合の定格感度電流は、**15mA** と規定されている。

　ニ：電技第 62 条第 1 項に、「配線は、他の配線、弱電流電線等と接近し、又は交さする場合は、混触による感電又は火災のおそれがないように施設しなければならない。」と規定されている。

　よって、不適切なものはロである。

問 28 ▶▶正解　ニ

　合成樹脂管工事に用いる電線は絶縁電線であること。ただし屋外用ビニル絶縁電線（OW）を**除く**と定められている。OW は金属管工事、金属可とう電線管工事、金属線ぴ工事、金属ダクト工事でも**使用できない**。

　よって、合成樹脂管工事に使用できない絶縁電線の種類は**ニ**である。

▶▶正解　ロ

低圧配線と弱電流電線を同一の金属製ボックスに収めた場合、ボックス内に堅ろうな隔壁を設け、**金属部分にはC種接地工事を施さ**なければならない。

よって、誤っているものは**ロ**である。

▶▶正解　イ

高圧CVTケーブルの終端接続部（ケーブルヘッド：CH）は、碍子使用と不使用の2種類に分けられる。

①に示す高圧CVTケーブルの終端接続部は、碍子を使用しているので耐塩害屋外終端接続部である。

よって、正解は**イ**である。

▶▶正解　ニ

電技解釈第17条による。

接地線を人が触れるおそれのある場所に施設する場合、地下75cmから地表上2mまでの部分は、**電気用品安全法の適用を受ける合成樹脂管で覆うよう規定**されている。

よって、不適切なものは**ニ**である。

▶▶正解　イ

ケーブルラックには接地工事が必要である。ケーブルラックは金属でできているため、ケーブルから漏電した場合、ケーブルラックに触れるだけで感電するので、ケーブルラック間をアースの線で接続し、ケーブルラックと接地極を接続し電気を地面に逃がすように施工することが必要である。

よって、誤っているものは**イ**である。

問 33

▶▶正解　**イ**

　PF・S形の主遮断装置は、図の通りで、過電流ロック機能は必要ない。

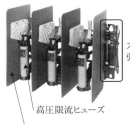

ストライカによる
引外し装置

高圧限流ヒューズ

相間、側面の絶縁バリア

　よって、必要でないものは**イ**である。

問 34

▶▶正解　**ハ**

　可とう導体とは、平編組銅線でできており、変圧器・配電盤・母線間等の曲げやねじれのある接続部位に対して取り付ける接続導体である。低圧電路の短絡などによって、母線に異常な過電流が流れたとき、限流作用によって、母線や変圧器の損傷を防止する機能はない。

　よって、不適切なものは**ハ**である。

問 35

▶▶正解　**イ**

　電技解釈第 17 条第 6 項による。

　D 種接地工事を施す金属体と大地との間の電気抵抗値が 100 Ω以下である場合は、D 種接地工事を施したものとみなすと規定されている。

　よって、誤っているものは**イ**である。

▶▶正解　ロ

公称電圧が **6.6kV** の交流電路に使用するケーブルの絶縁耐力試験を直流電圧で行う場合の試験電圧 ［V］ の計算式は、

$$6600 \times \frac{1.15}{1.1} \times 1.5 \times 2$$

よって、正解は**ロ**である。

＊電気設備の技術基準の解釈
【用語の定義】
　第 1 条
　　1000V を超え 500000V 未満の最大使用電圧の係数は、$\dfrac{1.15}{1.1}$
【高圧又は特別高圧の電路の絶縁性能】
　第 15 条
　　二　電線にケーブルを使用する交流の電路においては、15―1 表に規定する試験電圧の **2 倍**の直流電圧を電路と大地との間に連続して 10 分間加えたとき、これに耐える性能を有すること。

15―1 表

電路の種類		試験電圧
最大使用電圧が 7000V 以下の電路	交流の電路	最大使用電圧の 1.5 倍の交流電圧
	直流の電路	最大使用電圧の **1.5 倍**の直流電圧又は 1 倍の交流電圧

▶▶正解　ロ

変圧器の絶縁油の劣化診断は、油中ガス分析、絶縁耐力試験、酸価度試験（全酸価試験）を行い、真空度測定は行わない。

変圧器内で過熱や放電などが起こると、周囲の油や固体絶縁物が分解し、分解ガスが油に溶解する。

油中ガス分析では、絶縁油を採取して、溶解ガスを分析すれば、内部の異常を推定できる。

よって、直接関係のないものは**ロ**である。

▶▶正解　ニ

電気工事士法第 2 条によれば、「電気工事」とは、一般用電気工作物等又は自家用電気工作物を設置し、又は変更する工事をいう。ただし、政令で定める**軽微な工事を除く**。

電気工事士法施行令第1条によれば、**軽微な工事**には、電圧600V以下で使用する**電気機器**（配線器具を除く）又は電圧600V以下で使用する蓄電池の**端子に電線**（コード、キャブタイヤケーブル及びケーブルを含む）**をねじ止めする工事**が含まれる。

よって、**ニ**が正しい。

問 39 ▶▶**正解　イ**

電気用品安全法の特定電気用品は、電気用品安全法施行令の別表第1から配線用遮断器である。

※**特定電気用品**：構造や使用の方法・状況から危険・障害の発生する
　　　　　　　　　おそれが多い電気製品。

よって、特定電気用品は**イ**である。

問 40 ▶▶**正解　ニ**

電気工事業の業務の適正化に関する法律（以下「法」とする。）の以下の条文による。

法第23条により、電気工事業者は、**電気用品安全法の表示が付されている電気用品**でなければ、これを**電気工事に使用してはならない**ため、イの記述は誤り。

法第25条により、電気工事業者は、経済産業省令で定めるところにより、その**営業所及び電気工事の施工場所ごとに、その見やすい場所**に、氏名又は名称、登録番号その他の経済産業省令で定める事項を記載した**標識を掲げなければならない**ため、ロの記述は誤り。

法第26条により、電気工事業者は、経済産業省令で定めるところにより、その営業所ごとに帳簿を備え、その業務に関し経済産業省令で定める事項を記載しなければならない。さらに、同法施行規則第13条第2項で、この帳簿は、記載の日から**5年間保存**しなければならないと規定されている。よって、ハの記述は誤り。

法第20条により、主任電気工事士は、一般用電気工事による危険及び障害が発生しないように一般用電気工事の作業の管理の職務を誠実に行わなければならない。また、**一般用電気工事の作業に従事する者は、主任電気工事士がその職務を行うため必要があると認めてする指示に従わなければならない**ため、正しいものは**ニ**である。

② 配線図 1

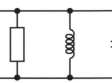

問 41　▶▶正解　ニ

①の部分に設置する機器は、漏電遮断器（過負荷保護付）である。
過負荷保護付き漏電遮断器は、低圧電灯コンセント回路や低圧電動機回路の感電保護・漏電火災防止に使用される。

よって、設置する機器は**ニ**である。

問 42　▶▶正解　ハ

②で示す図記号の接点の機能は、手動操作自動復帰である。

自動復帰型とも言い、ボタンを押している間だけ接点が開閉し、押すのをやめると接点が元の状態に戻る機能である。

よって、接点の機能は**ハ**である。

問 43　▶▶正解　ニ

③で示す機器は、押しボタンである。

押しボタンはハとニであるが、ハのボタンは正転・逆転・停止があり問題の図では使用しない。

よって、機器は**ニ**である。

問 44 ▶▶**正解　ロ**

押しボタンの操作により三相誘導電動機を始動させ、タイマの設定時間で停止させるには、④の部分にタイマ（限時動作形）の b 接点が必要である。

よって、接点の図記号は**ロ**である。

押しボタンを押すと MC（電磁接触器）と TLR（タイマ）が励磁され、タイマが時間のカウントを始める。MC が励磁されることで③の MC の接点も閉じるので、押しボタンを離しても MC の接点で自己保持されてカウントは続く。

タイマの設定時間経過後、タイマの限時動作接点の b 接点が開き、MC は消磁し、MC の主接点が開いて三相誘導電動機は停止する流れである。

問 45 ▶▶**正解　イ**

ブザーの図記号は、**イ**である。ロはサイレン、ハはベルの図記号である。ニの図記号はない。

③ **配線図2**

問46 ▶▶正解　ロ

①で示す機器は、零相基準入力装置（ZPD）である。

ZPD は地絡事故が発生した時に零相電圧を検出して、零相変流器と合わせて地絡方向継電器を作動させる。

よって、正しいものは**ロ**である。

問47 ▶▶正解　ニ

②に設置する機器は、地絡方向継電器（DGR）であり、図記号は

$$\boxed{I \overset{\perp}{=} >}$$ である。

地絡方向継電器（DGR）は、地絡を起こした際、事故を検出して遮断器へ遮断命令を送るための機器であり、需要家の構内地絡のみ作動するため、もらい事故を防止できる。

よって、正解は**ニ**である。

問 48

▶▶正解　ハ

③に示す機器と文字記号（略号）の組合せは、電力需給用計器用変成器（VCT）である。計器用変圧器（VT）と計器用変流器（CT）を内蔵していて、電力量計（Wh）と組み合わせて受電設備の使用電力量を計測するための機器である。

よって、正しいものは**ハ**である。

VCT

問 49

▶▶正解　ロ

④で示す機器は、不足電圧継電器（UVR）であり、電圧が設定値以下になったとき、信号発信動作を行う。

よって、正解は**ロ**である。

問 50

▶▶正解　ニ

⑤で示す機器は、変流器（CT）であり、高圧回路の電流を変流比に応じた比例する小さい電流値に変換し、配電盤の電流計、電力計、及び引外しコイルの電源として使用する。

変流器2つでV結線をすると3相の電流が測定できる。

よって、機器と個数は**ニ**である。

① 一般問題

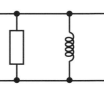

問 1 ▶▶正解 **イ**

電磁エネルギー W_L と静電エネルギー W_C を求める公式は、

$$W_L = \frac{1}{2} \times LI^2 \ [\text{J}]$$

$$W_C = \frac{1}{2} \times CV^2 \ [\text{J}]$$

この式に与えられた数値を代入する。

$$W_L = \frac{1}{2} \times LI^2 = \frac{1}{2} \times (4 \times 10^{-3}) \times 10^2 = 0.2\text{J}$$

$$W_C = \frac{1}{2} \times CV^2 = \frac{1}{2} \times (2 \times 10^{-3}) \times 20^2 = 0.4\text{J}$$

よって、正解は**イ**である。

問 2 ▶▶正解 **ハ**

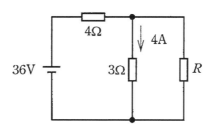

図の3Ωの抵抗にかかる電圧は、オームの法則より、

3Ω × 4A = 12V

よって、図の4Ωの抵抗にかかる電圧、及び電流は、

36V − 12V = 24V

24V ÷ 4Ω = 6A

これより、抵抗 R に流れる電流は、

6A − 4A = 2A

抵抗 R における消費電力は、

12V × 2A = 24W

よって、正解は**ハ**である。

問 3 ▶▶**正解 ハ**

抵抗 12 Ω の電流は、$\dfrac{96}{12} = 8\mathrm{A}$

リアクタンス 16 Ω の電流は、$\dfrac{96}{16} = 6\mathrm{A}$

全体の電流 I は、$I = \sqrt{8^2 + 6^2} = 10\mathrm{A}$

図より、皮相電力［V・A］は、

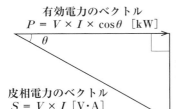

有効電力のベクトル
$P = V \times I \times \cos\theta$ ［kW］

無効電力のベクトル
$Q = V \times I \times \sin\theta$ ［var］

皮相電力のベクトル
$S = V \times I$ ［V・A］

$VI = 96 \times 10 = 960\mathrm{V・A}$

よって、正解は**ハ**である。

問 4 ▶▶**正解 ロ**

消費電力 $P = I^2 R$ ［W］の式
より、R を求めると、

$$R = \frac{800}{10^2} = 8\ \Omega$$

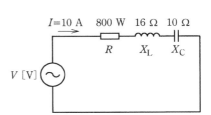

回路全体のインピーダンス Z
（R、X_L、X_C の合成抵抗）は、

$$Z = \sqrt{R^2 + (X_\mathrm{L} - X_\mathrm{C})^2} = \sqrt{8^2 + (16 - 10)^2} = 10\ \Omega$$

回路の電源電圧は $V = IZ = 10 \times 10 = 100\mathrm{V}$

よって、正解は**ロ**である。

▶▶正解　ロ

イ：1相当たりのインピーダンスは、

$$\sqrt{R^2 + X^2} = \sqrt{8^2 + 6^2} = 10 \ \Omega$$

ロ：相電圧は $\dfrac{200}{\sqrt{3}}$ V なので、線電流 I は、1相のインピーダンス（10 Ω）を用い算出すると $I = \dfrac{\dfrac{200}{\sqrt{3}}}{10} = \dfrac{20}{\sqrt{3}}$ A となり、

10A は**誤り**である。

ハ：消費電力は $\sqrt{3}\ VI\cos\theta$ なので、

$$\sqrt{3} \times 200 \times \frac{20}{\sqrt{3}} \times \frac{8}{10} = 3200\text{W}$$

$$\left(\cos\theta = \frac{抵抗}{インピーダンス} = \frac{8}{10} \right)$$

ニ：無効電力は $\sqrt{3}\ VI\sin\theta$ なので、

$$\sqrt{3} \times 200 \times \frac{20}{\sqrt{3}} \times \frac{6}{10} = 2400\text{var}$$

$$\left(\sin\theta = \frac{リアクタンス}{インピーダンス} = \frac{6}{10} \right)$$

なお、消費電力及び無効電力を計算する際の電圧 V は線間電圧である。

よって、誤っているものは**ロ**である。

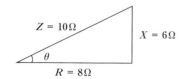

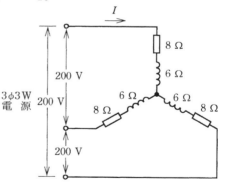

▶▶正解　ロ

進み力率の時の三相3線式の電圧降下 v は、

$$v = \sqrt{3}\ I\ (R\cos\theta - X\sin\theta)\ [\text{V}]$$

数値を代入して、

$$v = \sqrt{3} \times 20 \times (0.8 \times 0.9 - 1 \times 0.436) \fallingdotseq 10\text{V}$$

送電端の線間電圧＝受電端電圧＋電圧降下＝ 6700 ＋ 10 ≒ 6710V

よって、正解は**ロ**である。

問7 ▶▶正解　ハ

図中の×印の点 P で断線したときの回路を変換すると、以下のような図になる。

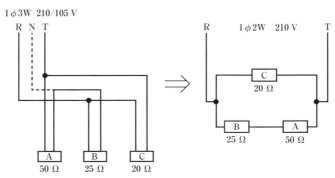

1φ3W 210/105 V

1φ2W 210 V

図より抵抗負荷 A に加わる電圧 V [V] は、

$$V = 210 \times \frac{50}{25 + 50} = 140\text{V}$$

よって、正解は**ハ**である。

問8 ▶▶正解　イ

「負荷抵抗以外のインピーダンスは無視する」とあるので、**変圧器や変流器で発生する損失は無視**して計算する。

変圧器一次側の電流 I_1 は、

$$6300 \times I_1 = 210 \times 300 \text{ より、}$$

$$I_1 = \frac{210 \times 300}{6300} = 10\text{A}$$

変流器の変流比 20/5A は、一次側に 20A の電流が流れたとき、二次側には 5A の電流が流れることを表す。つまり、二次側には、一次側の $\frac{5}{20} = \frac{1}{4}$ 倍の電流が流れる。

したがって、一次側に 10A の電流が流れた場合、$I = \frac{10}{4} = 2.5\text{A}$ となる。

よって、正解は**イ**である。

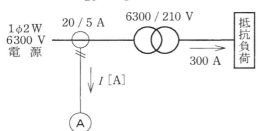

1φ2W
6300 V
電源

20 / 5 A

6300 / 210 V

抵抗負荷

300 A

I [A]

A

▶▶正解　ハ

はじめに負荷 A の力率を 1 にするコンデンサ容量 Q_A を求める。

$$\cos \theta = 0.8 = \frac{P_A}{S_A} = \frac{P_A}{100}$$

有効電力 P_A=80kW
$\cos \theta = 0.8$
S_A=100kVA
Q_A=60kvar

$$P_A = 0.8 \times 100 = 80\text{kW}$$

$$S_A^2 = P_A^2 + Q_A^2 \;\blacktriangleright$$

$$Q_A^2 = S_A^2 - P_A^2 \;\blacktriangleright\; Q_A^2 = 100^2 - 80^2$$

よって、コンデンサ容量 $Q_A = 60\text{kvar}$

次に負荷 B の力率を 1 にするコンデンサ容量 Q_B を求める。

$$\cos \theta = 0.6 = \frac{P_B}{S_B} = \frac{P_B}{50}$$

有効電力 P_B=30kW
$\cos \theta = 0.6$
S_B=50kVA
Q_B=40kvar

$$P_B = 0.6 \times 50 = 30\text{kW}$$

$$S_B^2 = P_B^2 + Q_B^2$$

$$\blacktriangleright\; Q_B^2 = S_B^2 - P_B^2$$

$$\blacktriangleright\; Q_B^2 = 50^2 - 30^2$$

よって、コンデンサ容量 $Q_B = 40\text{kvar}$

以上より、需要家全体の合成力率を 1 にするために必要な力率改善用コンデンサ容量は、

$$Q_A + Q_B = 60 + 40 = 100\text{kvar}$$

よって、正解は**ハ**である。

▶▶正解　イ

巻上用電動機の出力［kW］は、

$$\frac{\text{巻上荷重} \times \text{巻上速度}}{\text{効率}} = \frac{W \times v}{\eta / 100} = \frac{100\,W \cdot v}{\eta} \;\; となり、\textbf{イ}が正解。$$

この問で荷重は kN であったが kg で与えられた場合、出力［kW］は、

$$\frac{9.8 \times W \times v}{\eta / 100} \;\; となる。$$

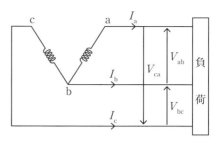

問11 ▶▶正解 ハ

V結線の出力 P_V は、

$$P_V = \sqrt{3}\, V_{ab} I_a = \sqrt{3}\, VI$$

単相変圧器2台の出力は、$2VI$ であるから、

$$利用率 = \frac{\sqrt{3}\, VI}{2VI} = \frac{\sqrt{3}}{2}$$

よって、正解は**ハ**である。

問12 ▶▶正解 ハ

1 lx（ルクス）は、1m² の被照面に 1 lm（ルーメン）の光束が当たっているときの照度である。lx は国際単位系（SI）の照度の単位である。

よって、正解は**ハ**である。

問13 ▶▶正解 ロ

燃料電池とは、水素などの燃料や空気中の酸素を用い、電気エネルギーを得る電池で、りん酸形燃料電池とは、りん酸水溶液（H_3PO_4）を電解液とする燃料電池である。

りん酸形燃料電池の仕組みは、

①負極に水素ガス H_2 を供給すると、水素 H_2 が電子 e^- を離して水素イオン H^+ となる。

また、**未反応ガス**（水素）が発生する。

②放出された e^- と H^+ はそれぞれ正極側に伝わっていく。

③正極で、酸素 O_2 を供給すると、e^- と H^+ と反応し水 H_2O を生成する。

反応式は、$4e^- + 4H^+ + O_2 \rightarrow 2H_2O$

よって、正しいものは**ロ**である。

▶▶正解　ハ

写真に示す品物は、ハーネスジョイントボックスである。フリーアクセスフロア内隠ぺい場所で使用し、室内の机などのレイアウトが決定していなくてもハーネスジョイントボックスまで先行配線すると、レイアウト決定後にアップコン、OAタップなどを適切な場所に設置できる。また、レイアウト変更にも柔軟に対応できる。

よって、一般的に使用される場所は**ハ**である。

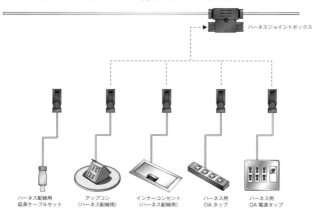

ハーネスジョイントボックス

| ハーネス配線用
延長ケーブルセット | アップコン
（ハーネス配線用） | インナーコンセント
（ハーネス配線用） | ハーネス用
OAタップ | ハーネス用
OA電源タップ |

▶▶正解　イ

イは、低圧電路で地絡が生じたときに、自動的に電路を遮断する漏電遮断器である。漏電遮断器は配線用遮断器と見た目が似ているが、テストボタン（漏電動作確認用）が付いている。

ロは、**リモコンブレーカー**で、JIS協約形サイズのブレーカーと遠隔開閉機能を併せ持ったブレーカーである。

ハは、**配線用遮断器**で、過電流や短絡電流が流れると、自動的に切れて電路を遮断する。

ニは、**電磁開閉器**で、**電磁接触器**と**熱動継電器**（サーマルリレー）で構成される。写真の上側の部分が**電磁接触器**で、電動機を動かすスイッチをONにすると接点をつないで電動機を動かし、電動機を停止させるスイッチをONにすると接点を切り離して電動機を停止させる。写真の下側の部分が熱動継電器（サーマルリレー）で、電動機回路に大きな電流が流れたときに電路を開いて電動機を保護する。

よって、低圧電路で地絡が生じたときに自動的に電路を遮断するものは、**イ**である。

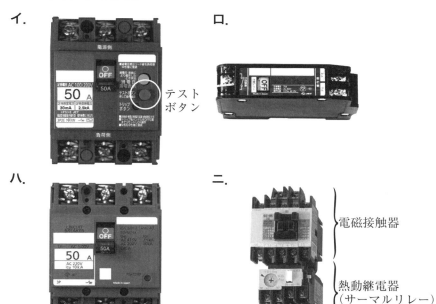

イ.

ロ.

テスト
ボタン

ハ.

ニ.

電磁接触器

熱動継電器
（サーマルリレー）

問 16 ▶▶正解　ロ

コージェネレーションシステムとは、下図のように電気と熱を併せ供給する発電システムである。

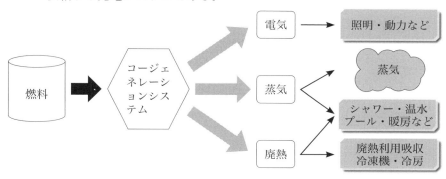

燃料	→	コージェネレーションシステム

電気 ⟶ 照明・動力など

蒸気

蒸気 ⟶ シャワー・温水プール・暖房など

廃熱 ⟶ 廃熱利用吸収冷凍機・冷房

よって、最も適切なものは**ロ**である。

問 17 ▶▶正解　ロ

図のように、一般に使用されているプロペラ形風車は、水平軸形風車である。

よって、誤っているものはロである。

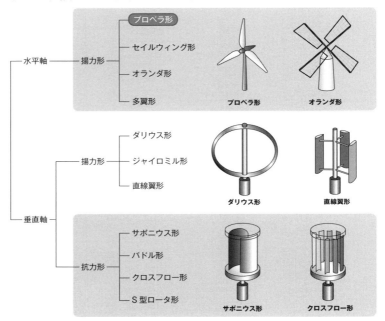

問 18 ▶▶正解　ロ

多導体の特徴は、以下の通りである。

・送電線の**インダクタンスが減少**するため、**電流容量が大きく**なり**送電容量が増加**し系統安定度の向上につながる。

・電線表面の電位の傾きが下がり、コロナ開始電圧が高くなり**コロナ放電が発生しにくい**。

・電線相互に距離があり、電線間が空気という絶縁体であるため**静電容量が増加する**。

よって、誤っているものはロである。

問 19　▶▶正解　ロ

　インバータに供給された交流電流は、ブリッジ整流器で整流された後、コンデンサで平滑され直流となりインバータ部に供給される。この平滑コンデンサを充電するために交流入力電流は高調波を含んだひずみ波形となる。このため高調波電流と電源インピーダンスで高調波電圧を発生させるので、インバータは高調波発生源になる。

　よって、誤っているものは**ロ**である。

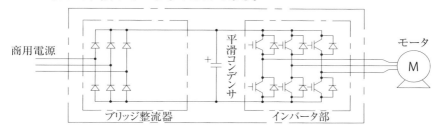

商用電源　　　　　ブリッジ整流器　　　平滑コンデンサ　　　インバータ部　　　モータ M

<インバータの仕組み>

問 20　▶▶正解　ハ

　断路器は、負荷電流の流れていない電路の開閉を行う機器である。

　遮断器は、電路開閉、負荷電流の開閉、短絡事故による遮断など全ての保護に対応できるが、開閉回数は比較的少なく、多頻度開閉には適していない。

　以上より、遮断器が閉の状態で、負荷電流が流れているとき、断路器を開にする操作を行うと、アークが発生し短絡事故につながる。

　よって、誤っているものは**ハ**である。

問 21　▶▶正解　ハ

　電技第 1 条第 11 号による。

　調相設備とは、**無効電力**を調整する電気機械器具をいう。

　よって、正しいものは**ハ**である。

　無効電力には、送電の電圧を安定化させる役割がある。調相設備では、電圧が上昇した時に分路リアクトルが遅れ無効電力を供給し、進み無効電力を消費することで電圧の上昇を抑える。

▶▶正解　イ

　写真に示す機器の名称は、**イの電力需給用計器用変成器（VCT）**である。

　計器用変圧器（VT）と計器用変流器（CT）を1つのケースに収めたもので、電力量計と組み合わせて有効電力量や無効電力量を計測する。

　よって、名称は**イ**である。

▶▶正解　ニ

　写真に示されているのは、真空遮断器（VCB）である。

　イ：DSは断路器（ディスコン）の文字記号。

　ロ：PASは電柱に使われる気中負荷開閉器の文字記号。

　ハ：LBSは高圧交流負荷開閉器の文字記号。

　ニ：VCBは真空遮断器の文字記号。

　よって、正解は**ニ**である。

▶▶正解　イ

　電線は、電流が流れることによって発熱し、絶縁物が劣化し、場合によっては溶断することもある。**許容電流とは、電線の絶縁物を劣化させないための限界の電流値**である。

　よって、正解は**イ**である。

問 25 ▶▶**正解　ハ**

　シーリングフィッチングとは、防爆工事で、ボックスと電線管の隙間を塞ぎ、電線管内部を伝わる爆発性ガスの流出や粉塵侵入を遮断するために使用される電気材料である。

　爆発性ガスの流出や粉塵侵入を遮断するために粉末状のシーリングコンパウンドを水に混ぜ、シーリングフィッチング内に充填し、蓋をして 30 分程で硬化が始まり、密閉完了である。

　よって、①の部分に使用する材料の名称は**ハ**である。

問 26 ▶▶**正解　ロ**

イ：工具は、メッセンジャーワイヤ等を引っ張る「張線器（シメラ）」で、材料は、「メッセンジャーワイヤ」。なお、メッセンジャーワイヤに吊るされているのは U 型ケーブルハンガーである。

ロ：工具は、電線相互や電線と端子の圧着接続に用いる「手動油圧式圧着器」で、材料は、張力のかからない電線・機器の分岐などの接続に使用する「ボルト型コネクタ」のため間違い。

ハ：工具は、壁などに固定するためのボードアンカーを取り付けるための「ボードアンカー取り付け工具」で、材料は、「ボードアンカー」。

ニ：工具は、リングスリーブを圧着する「リングスリーブ用圧着工具」で、材料は、「リングスリーブ」。

よって、誤っているものは**ロ**である。

▶▶正解　イ

下表より、高圧架空電線が道路（車両の往来がまれであるもの及び歩行の用にのみ供される部分を除く。）を横断する場合は、路面上 6m 以上であるので、路面上 5m 以上は不適切である。

よって、不適切なものは**イ**である。

低高圧架空電線の高さ（電技解釈第 68 条）

区分	低圧（m）	高圧（m）
道路を横断する場合	路面上 6m 以上	**路面上 6m 以上**
鉄道又は軌道を横断する場合	レール面上 5.5m 以上	レール面上 5.5m 以上
横断歩道橋の上に施設する場合	横断歩道橋の路面上 3m 以上	横断歩道橋の路面上 3.5m 以上
屋外照明用であって、絶縁電線又はケーブルを使用した対地電圧 150V 以下のものを交通に支障のないように施設する場合	地表上 4m 以上	－
低圧架空電線を道路以外の場所に施設する場合	地表上 4m 以上	－

▶▶正解　二

合成樹脂管工事に用いる電線は絶縁電線であること。ただし屋外用ビニル絶縁電線（OW）を**除く**と定められている。OW は金属管工事、金属可とう電線管工事、金属線ぴ工事、金属ダクト工事でも**使用できない**。

よって、合成樹脂管工事に使用できない絶縁電線の種類は**二**である。

▶▶正解　二

電技解釈第 176 条によれば、電動機に接続する部分で可とう性を必要とする部分の配線には、第 159 条第 4 項第二号に規定する**耐圧防爆型フレキシブルフィッチング**又は同項第三号に規定する**安全増防爆型フレキシブルフィッチング**を使用することと記載されている。

よって、不適切なものは**二**である。

問 30　▶▶正解　ロ

　屋外部分の終端処理として、**重汚損を受けるおそれのある塩害地区では、耐塩害屋外終端処理**とする。ゴムとう管形屋外終端処理は雨の多い地域や寒冷地などの軽汚損地区で使用されるので、不適切である。

　よって、不適切なものは**ロ**である。

問 31　▶▶正解　ニ

　避雷器の**電源側**には、**ヒューズを施設してはならない。**ヒューズが溶断すると避雷器の役割を果たせなくなる。

　よって、不適切なものは**ニ**である。

問 32　▶▶正解　ロ

　CT は一次電流が流れている状態で、二次側を開放にすると、変流比に応じた二次電流を流そうとして二次側に高電圧が発生し、二次巻線が絶縁破壊することで、短絡回路ができて焼損事故になる恐れがある。そのため、CT の二次側電路に、ヒューズを設けてはならない。

　よって、不適切なものは**ロ**である。

問 33 ▶▶**正解　イ**

高圧ケーブルの絶縁物が劣化し地絡➡地絡電流 I_g はシールドを通って大地へ。

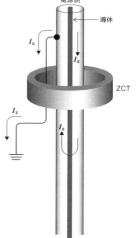

- ➡ ZCT（零相変流器）を通る R 相、S 相、T 相の各電流
  - ①正常時：$I_R + I_S + I_T = 0$
  - ②地絡時：$I_R + I_S + I_T + I_g + I_g - I_g$
    $= 0 + I_g = I_g$
- ➡地絡が発生すると ZCT を通る I_g を検出する。

ケーブルシールドの接地方法としては、電源側から ZCT を通して接地するのが正しい。

よって、正しいものは**イ**である。

問 34 ▶▶**正解　ニ**

高圧受電設備規程 1150 − 9 による。

系統でよく問題になる高調波のうち、低次で含有率が最も大きい第 5 調波等に対して、高調波障害の拡大を防止するとともに、コンデンサの過負荷を生じないようコンデンサリアクタンスの**6%または13%**の直列リアクトルを施設すること。

よって、不適切なものは**ニ**である。

問 35 ▶▶**正解　ニ**

電技解釈第 17 条第 3 項第一号による。

C 種接地工事について、「接地抵抗値は、10 Ω（低圧電路において、地絡を生じた場合に 0.5 秒以内に当該電路を自動的に遮断する装置を施設するときは、**500 Ω**）以下であること。」と規定されている。

よって、正しいものは**ニ**である。

問 36 ▶▶正解　ニ

　絶縁耐力試験とは、電路や機器の絶縁性能を確認する試験で、最大使用電圧に応じ交流または直流で所定の電圧を連続 10 分間印加し、電路に異常が発生しないことを確認する。

　試験電圧は、最大使用電圧が 6900V なので、

　　6900 × 1.5 = 10350V

　試験時間は、連続 10 分間である。

　よって、適切なものはニである。

絶縁耐力試験の試験電圧

最大使用電圧	試験電圧
7000V 以下のもの	最大使用電圧の 1.5 倍の電圧
7000V を超え 15000V 以下の中性点接地方式のもの	最大使用電圧の 0.92 倍の電圧
7000V を超え 60000V 以下のもの	最大使用電圧の 1.25 倍の電圧（10500V 未満となる場合は、10500V）

問 37 ▶▶正解　イ

　正常なケーブルは、直流電圧印加後の漏れ電流が時間とともに減少し、ある一定値となり、以後ほとんど変化しない。

　異常の場合は、測定時間中の漏れ電流の増加あるいは電流キック現象が現れ、正常な場合に比べて漏れ電流が上昇する。このような漏れ電流の異常の要因としては、ケーブル絶縁体を橋絡するような水トリー、電気トリー、化学トリーの発生、または、施工不良のケーブル接続部への水の浸入による電極間短絡などがある。

　よって、ケーブルが正常であることを示す測定チャートはイである。

▶▶**正解　ニ**

電気工事士法第3条第3項により、「自家用電気工作物に係る電気工事のうち経済産業省令で定める特殊なもの（以下「特殊電気工事」という。）については、当該特殊電気工事に係る特種電気工事資格者認定証の交付を受けている者（以下「**特種電気工事資格者**」という。）でなければ、その作業に従事してはならない。」と規定されている。

また、電気工事士法施行規則第2条の2第1項第二号より、特種電気工事資格者認定証（非常用予備発電装置）の交付を受けている者の工事内容は、「非常用予備発電装置として設置される原動機、発電機、配電盤（他の需要設備との間の電線との接続部分を除く。）及びこれらの附属設備に係る電気工事」である。

以上より、非常用予備発電装置工事の作業に従事できるのは、特種電気工事資格者である。

よって、誤っているものは**ニ**である。

▶▶**正解　ロ**

特定電気用品とは、構造又は使用方法等の使用状況により危険又は障害が生じるおそれの多い品目のことである。特定電気用品に指定されているのは、長期間無監視で使用されるもの、社会的弱者が使用するもの、直接人体に触れて使用するものである。電気便座は、直接人体に触れて使用するので特定電気用品である。

よって、適用を受ける特定電気用品は**ロ**である。

▶▶**正解　ニ**

一般用電気工事のみの業務を行う営業所に備え付けておく器具は、絶縁抵抗計、回路計、接地抵抗計である。また、低圧検電器は自家用電気工作物の電気工事を行う営業所に備え付ける。

よって、電気工事業者が一般用電気工事のみの業務を行う営業所に備え付けなくてもよい器具は**ニ**である。

令和5年度【午前】 学科試験問題

② 配線図

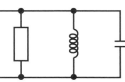

問 41　▶▶**正解　ニ**

①で示す機器は、地絡方向継電装置付高圧交流負荷開閉器（DGR付 PAS）であり、SOG 動作機能で波及事故防止を行う開閉器である。SOG 動作機能には、次の2つがある。

1. SO（Storage Over Current）動作（過電流蓄勢）：構内で短絡事故が発生し大電流が流れたとき、リレーが動作して開閉器をロックし電力会社の遮断器が切れた後、無充電の状態で自動的に開閉器を切り電力会社の再送電に備える。

2. GR（Ground Relay）動作（地絡継電器）：構内で地絡事故が発生した場合に、電力会社の地絡継電器よりも早く動作して開閉器を切り、電力会社配電線への波及事故を防止する。

以上より、機器の役割としてあてはまるものは**ニ**である。

問 42　▶▶**正解　ハ**

②のケーブルヘッド端末処理の際に、パイプカッターは不要である。これは、ステンレスや鉄などのパイプを切るための工具である。

イはケーブルカッター、ロは電工ナイフ、ニははんだごてである。

よって、不要なものは**ハ**である。

問 43　▶▶**正解　ロ**

③は限流ヒューズで、計器用変圧器の内部短絡事故が主回路に波及することを防止する。

よって、使用する主な目的は**ロ**である。

問 44

▶▶正解　イ

④は表示灯（パイロットランプ）で、通電状態を示す機器である。

④に表示灯を設置することで、遮断器の一次側が通電中なら電灯が発光し通電していることを確認できる。

よって、設置する機器は**イ**である。

問 45

▶▶正解　ニ

⑤は試験用端子（電流試験端子：CTT）で、電路の点検時等に試験器を接続し、過電流継電器の試験を行う。

よって、正しいものは**ニ**である。

問 46

▶▶正解　イ

⑥で示す部分に施設する機器は**変流器**で、複線図は**イ**である。

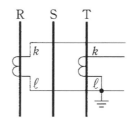

変流器は、高圧回路の電流を変流比に応じた小さい電流に変換し、配電盤の電流計、電力計、及び引外しコイルの電源として使用する。変流器2つでV結線をすると3相の電流が測定できる。

よって、正しいものは**イ**である。

問 47

▶▶正解　ハ

高圧受電設備規程 1150 − 8「変圧器」による。

⑦で示す変圧器1次側の開閉装置はPC（高圧カットアウト）なので、⑦の位置に設置できる変圧器容量は **300kV・A** 以下である。

よって、使用できる変圧器の最大容量は**ハ**である。

問48 ▶▶**正解** ニ

⑧で示す機器は**直列リアクトル**（SR）であり、**電圧波形のひずみの改善**（主に第5調波）、コンデンサ投入時の突入電流を抑制する役割がある。

コンデンサの残留電荷を放電するのは、放電コイルである。

よって、誤っているのはニである。

問49 ▶▶**正解** ニ

⑨で示す機器は地絡継電器（GR）で電路のケーブルや機器の絶縁が劣化、又は絶縁破壊され、電路と大地間が接触して起こる地絡事故を検出し警報する機器である。

よって、機器の目的はニである。

問50 ▶▶**正解** ニ

⑩に示す部分に使用する CVT ケーブルはニである。

イは高圧 CVT ケーブル、ロは高圧 CV ケーブル、ハは VV ケーブルである。

よって、適切なものはニである。

イ．高圧 CVT ケーブル

導体
内部半導電層
架橋ポリエチレン
外部半導電層
銅シールド
ビニルシース

ロ．高圧 CV ケーブル

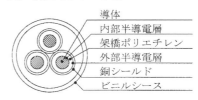

導体
内部半導電層
架橋ポリエチレン
外部半導電層
銅シールド
ビニルシース

ハ．VV ケーブル

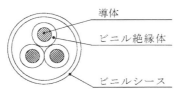

導体
ビニル絶縁体
ビニルシース

ニ．CVT ケーブル

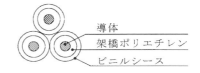

導体
架橋ポリエチレン
ビニルシース

一般問題

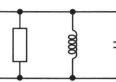

問 1

▶▶正解　ハ

　コンデンサ部にかかる電圧は、電源電圧と並列であることから 100V である。

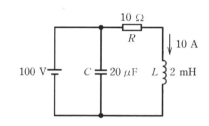

　コンデンサ（$C = 20\mu F$）に蓄えられるエネルギー W_C は、

$$W_C = \frac{CV^2}{2} = \frac{20 \times 10^{-6} \times 100^2}{2} = 10 \times 10^{-2} = 0.1J$$

　コイルに流れる電流は 10A であり、コイル（$L = 2mH$）に蓄えられるエネルギー W_L は、

$$W_L = \frac{LI^2}{2} = \frac{2 \times 10^{-3} \times 10^2}{2} = 1 \times 10^{-1} = 0.1J$$

　よって、**ハ**が正しい。

問 2

▶▶正解　ハ

　6Ωと6Ωの並列部分の合成抵抗は、

$$\frac{6 \times 6}{6 + 6} = 3\ \Omega$$

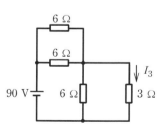

　6Ωと3Ωの並列部分の合成抵抗は、

$$\frac{6 \times 3}{6 + 3} = 2\ \Omega である。$$

　回路全体では、3 + 2 = 5Ωとなり、電流は、

$$\frac{90}{5} = 18A$$

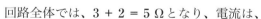

18A が分流し、3 Ω に流れる電流 I_3 は、

$$\frac{6}{6 + 3} \times 18 = 12\text{A}$$

よって、**ハ**が正しい。

問 3　▶▶正解　**ロ**

この回路のインピーダンス Z は、

$$Z = \frac{E}{I} = \frac{100}{20} = 5\ \Omega$$

抵抗 R の値は、

$$R = \frac{80}{20} = 4\ \Omega$$

誘導性リアクタンス X は、

$Z = \sqrt{R^2 + X^2}$ より、

$$X^2 = Z^2 - R^2 = 5^2 - 4^2 = 9$$

$$X = \sqrt{9} = 3\ \Omega$$

となり、**ロ**が正しい。

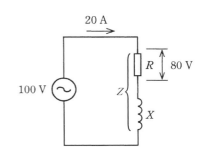

問 4　▶▶正解　**ニ**

RLC 直列回路の力率は、

$$\cos\theta = \frac{R}{Z} = \frac{R}{\sqrt{R^2 + (X_L - X_C)^2}}$$

この式に、数値を代入する。

$$\cos\theta = \frac{10}{\sqrt{10^2 + (10 - 10)^2}} = 1.0 \rightarrow 力率 100\%$$

よって、**ニ**が正しい。

問 5 ▶▶正解 ニ

1相の合成インピーダンスは、

$$\sqrt{8^2 + 6^2} = 10\ \Omega \quad である。$$

この合成インピーダンスに流れる電流は、電流＝相電圧÷合成インピーダンスから、

$$\frac{200}{\sqrt{3}} \div 10 = \frac{200}{\sqrt{3} \times 10} = \frac{20}{\sqrt{3}}\ A \quad となる。$$

よって、8 Ωの抵抗にかかる電圧 V_R は、

$$\frac{20}{\sqrt{3}} \times 8 \fallingdotseq 92V \quad となる。$$

よって、正解はニである。

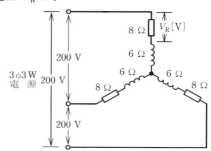

問 6 ▶▶正解 ハ

単相2線式の電圧降下 Δv は、電流を I [A]、導体抵抗を R [Ω/km]、リアクタンスを X [Ω/km]、線間長さを L [km] とすると次式で求められる。ただし、単相2線式の場合、配電方式による係数は2である。

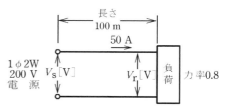

電線太さ [mm²]	1 km当たりの抵抗 [Ω / km]
14	1.30
22	0.82
38	0.49
60	0.30

$$\Delta v = 2LI\,(R\cos\theta + X\sin\theta)\ [V]$$

電線の1km 当たりの抵抗を r [Ω] とすると、線路の抵抗は長さ100mなので0.1r [Ω]、力率は0.8、線路のリアクタンスは無視するので、Δv が4V 以下になるには上式より、

$$4 \geqq 2 \times 50 \times 0.1r \times 0.8$$

$$4 \geqq 8r$$

$$r \leqq 0.5\,\Omega$$

表から 1km 当たりの抵抗が 0.5 Ω 以下で最小の太さのものは、**38mm²** である。

よって、正解は**ハ**である。

問 7 ▶▶**正解 ハ**

図中の×印の点 P で断線したときの回路を変換すると、以下のような図になる。

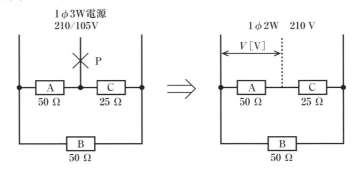

図より抵抗負荷 A に加わる電圧を V [V] とすると、電圧は抵抗に比例するので、

$$V = 210 \times \frac{50}{50 + 25} = 140\text{V}$$

よって、正解は**ハ**である。

問 8 ▶▶正解　ロ

二次側の電力は、

・R_1 の電力 $P_1 = 100 \times 50 = 5000W$
・R_2 の電力 $P_2 = 100 \times 70 = 7000W$

一次側の電力と二次側の電力が等しいので、一次側の電力 P は、

$$P = P_1 + P_2 = 5000 + 7000 = 12000W$$

一次側の電流は、

$$I = \frac{P}{V_1} = \frac{12000}{6000} = 2A$$

よって、正解は**ロ**である。

問 9 ▶▶正解　ニ

・相電圧 V'

電源電圧は V［V］より、スター結線の相電圧 V' は、

$$V' = \frac{V}{\sqrt{3}}\ [V]$$

・1 相のリアクタンス X

1 相のリアクタンス X は、誘導性リアクタンスと容量性リアクタンスが打ち消し合うので、

$$X = X_C - X_L = 150 - 9 = 141\Omega$$

・1 相分の無効電力 $Q_1 = \dfrac{V'^2}{X} = \dfrac{\left(\dfrac{V}{\sqrt{3}}\right)^2}{141}$［var］

　＊電力 $P = VI = \dfrac{V^2}{R}$ ➡**無効電力** $Q = \dfrac{V^2}{X}$

・3 相分の無効電力 Q_3

$$Q_3 = 3Q_1 = 3 \times \frac{\left(\dfrac{V}{\sqrt{3}}\right)^2}{141} = \frac{V^2}{141}\ [var]$$

よって、正解は**ニ**である。

問 10 ▶▶正解　ニ

誘導電動機の回転速度 N は、同期速度を $N_s[\text{min}^{-1}]$、周波数を f、極数を p、滑りを s [%] とすると、

$$N = N_s (1 - s) = \frac{120f}{p} (1 - s)[\text{min}^{-1}] \text{ で表される。}$$

したがって、この式から一次周波数 f を求めると、

$$f = \frac{1140 \times 6}{120 \times (1 - 0.05)} = 60\text{Hz となる。}$$

よって、正解はニである。

問 11 ▶▶正解　ハ

・トップランナー制度では、**エネルギー消費効率の向上**を目的とし省エネルギー基準を定めている。

・性能向上における事業者の判断基準を、現在商品化されていて、かつその中でエネルギー消費効率が最も優れているもの（**トップランナー**）の性能、技術開発の将来の見通し等を勘案して定め、機器等のエネルギー消費効率のさらなる**改善推進を行う**ものである。

・電気機器として交流電動機は、全てがトップランナー制度対象品というわけではない。

よって、誤っているものは**ハ**である。

問題 ▶ p.64 〜 66

▶▶正解　ハ

・電力 $P = VI = \dfrac{V^2}{R}$ ➡**電力は電圧 V の 2 乗に比例**する。

・電圧 100V の電力を P、90V の電力を P' とすると、次の比例式が成立する。

$$P : P' = V^2 : (0.9V)^2$$

・**比例式では、内項と外項を掛けたものが等しい**ので、

$P' \times V^2 = P \times (0.9V)^2$ ➡ $P' \times V^2 = P \times 0.81V^2$

➡両辺を V^2 で割ると、

$P' = P \times 0.81 = 1000 \times 0.81 = 810$W

・**発生熱量 Q[J]** は、

$Q =$ 電力[W] ×時間[秒] $= 810 \times 10 \times 60 = 486000$J

➡ 486kJ

よって、正解は**ハ**である。

▶▶正解　ニ

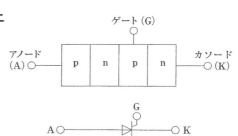

　逆阻止 3 端子サイリスタは、単にサイリスタと呼ばれることが多い。サイリスタは、図に示すような pnpn の 4 層構造であり、中間の p 層から制御電極のゲート（G）を取り出す。サイリスタは、ゲートを制御することによって、アノード・カソード間に流れる主電流の制御を行うことができる。

　サイリスタは、電流を一方向にだけ流す作用を有する素子であり、**正弦波交流の正の部分のみ取り出す**ので、問題の波形の図の中で、負の部分に出力電圧が発生している**ニ**がサイリスタでは得ることのできない波形である。

　よって、正解は**ニ**である。

問14 ▶▶正解 ロ

ロのバスダクトの写真である。アルミニウムや銅の導体を絶縁物で覆い、鋼板のケースに収めたものである。

> 問題の写真では分かり難いですが、点線で囲った箇所はバスダクトを吊るための金具です。バスダクトの一部ではありません。

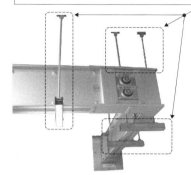

トロリーバスダクトは、ホイストクレーン等の移動機器の電源供給に使用される。

よって、正解は**ロ**である。

問15 ▶▶正解 ロ

住宅用分電盤とは、電気を住宅内の照明やコンセント等に供給するために設置され、過電流や漏電などの異常が発生すると、主幹の**漏電遮断器（過負荷保護付）**で自動的に遮断し、住宅や人々の安全を守る。

よって、正解は**ロ**である。

問16 ▶▶正解 ロ

コンバインドサイクル発電とは、**ガスタービンと汽力発電を組み合わせた**二重の発電方式である。始めに圧縮空気中で燃料を燃やしてガスを発生させ、その圧力でガスタービンを回し発電を行う。

ガスタービンの排ガスはまだ十分な余熱があり、この余熱で水を沸騰させ、汽力発電の蒸気タービンによる発電を行う。ガスタービンの排ガスを使うので、同一出力の火力発電に比べ**熱効率が高い**。

よって、誤っているものは**ロ**である。

問 17 ▶▶正解　イ

水力発電所の水車の出力 P [kW] は、水の流量を Q [m³/s]、有効落差を H[m]、水車効率を η_t とすると、

$P = 9.8QH\eta_t$

したがって、**P は QHに比例する。**

よって、**イ**が正しい。

問 18 ▶▶正解　ハ

アークホーンとは、雷の異常電圧によりがいし連がフラッシオーバを起こした場合、異常電流による破損からがいし連を守り、**放電をして電気を逃がす**ため、ホーンまたはリング状にがいし連の両端に取り付ける金具である。

よって、**ハ**が正しい。

なお、イはアーマロッド、ロはダンパ、ニはスペーサである。

問 19 ▶▶正解　ニ

同一容量の単相変圧器の並行運転の条件は下記の通り。

　　①**極性一致**➡極性が一致していないと位相がずれて循環電流が流れる。

　　②**変圧比が等しい**➡電圧が一致していないと循環電流が流れる。

　　③**インピーダンス電圧が等しい**➡等しいと変圧器をフルに使用できる。等しくなくても並行運転は可能だが、変圧器をフルに使用できない。

以上より、各変圧器の効率が等しいことは、並行運転の条件ではない。

よって、必要でないものは**ニ**である。

問 20　▶▶正解　ニ

　高圧受電設備の短絡保護装置としては、**過電流継電器（OCR）**と**高圧真空遮断器（VCB）を組み合わせたもの（CB 形）**が使用される。

　また、受電設備容量が 300kV・A 以下の場合は、PF・S 形と称し、限流ヒューズ付高圧交流負荷開閉器（PF 付 LBS）が用いられる。

　よって、適切な組合せは**ニ**である。

問 21　▶▶正解　イ

　CV ケーブルは、**架橋ポリエチレン**絶縁ビニルシースケーブルの略称であり、絶縁性能が高く高圧電力用ケーブルとして**広く普及**している。

　防護的に被覆として利用している材料は、**塩化ビニル樹脂**である。

　よって、正解は**イ**である。

問 22　▶▶正解　ロ

　写真に示す機器は**直列リアクトル**で、進相コンデンサを使用した場合に発生する**高調波電流**や、異常電圧の発生を**抑制する効果**がある。

　よって、写真に示す機器の用途は、**ロ**の「**高調波電流を抑制する**」が正しい。

　イは変流器、ハは進相コンデンサ、ニは変圧器についての記述である。

　よって、正解は**ロ**である。

問題▶ p.69 〜 71

4年度【午後】一般問題

問 23 ▶▶正解　ハ

　左の写真は、受電点など責任分界点で用いられる開閉器の **PAS（気中負荷開閉器）** で、右の写真は、PAS に付属する保護継電器装置の **SOG 制御装置** である。

　組み合わせて使用する目的は、高圧需要家の年次点検等の時の**高圧電路の開閉**と、高圧需要家構内で**地絡事故**が発生した場合の**高圧電路の遮断**である。

　PAS は、短絡事故電流が流れた場合の高圧電路の遮断はできない。

　よって、**ハ**が正解である。

問 24 ▶▶正解　ハ

　VVF ケーブルは「600V ビニル絶縁ビニルシース平形ケーブル」といい、住宅や建築物の屋内で照明やコンセントの電源に多く使用するケーブルである。

　移動用電気機器の電源回路などに使用する塩化ビニル樹脂を主体としたコンパウンドを絶縁体及びシースとするビニル絶縁ビニルキャブタイヤケーブルは、VCT である。

　よって、誤っているものは**ハ**である。

問 25 ▶▶正解 **イ**

写真は単相200V引掛形コンセント接地極付250V・**30A**である。

定格電流**20A**の配線用遮断器に保護されている電路には、20A以下のコンセントを接続しなければならない。

よって、不適切なものは**イ**である。

問 26 ▶▶正解 **ハ**

ハの**油圧式パイプベンダ**は、金属管の曲げ加工に用いる工具で、ケーブルを接続する作業には使用しない。イの電工ナイフはシースや被覆のはぎ取りに、ロの油圧式圧着工具はケーブルと圧着端子の接続に、ニのトルクレンチは配電盤にケーブルを接続するときにボルトやナットの締め付けに用いる。

よって、使用しない工具は**ハ**である。

問 27 ▶▶正解 **イ**

高圧屋内配線をケーブル工事で電気配線用のパイプシャフトに施設する場合は、**2m**の間隔で支持する。

よって、誤っているものは**イ**である。

問 28 ▶▶正解 **ニ**

合成樹脂管工事に用いる電線は絶縁電線であること。ただし屋外用ビニル絶縁電線（OW）を**除く**と定められている。OWは金属管工事、金属可とう電線管工事、金属線ぴ工事、金属ダクト工事でも**使用できない**。

よって、**ニ**が正解である。

問題▶ p.72〜74

4年度【午後】一般問題

▶▶正解　ロ

金属線ぴ工事の施設可能場所は、**点検できる**隠ぺい場所で、**乾燥し**ていることが施工条件となる。設問は「湿気の多い場所又は水気のある場所」なので、**ロ**の金属線ぴ工事は施工することはできない。

工事の種類	露出場所 点検できる隠ぺい場所		点検できない隠ぺい場所	
	乾燥した場所	その他の場所	乾燥した場所	その他の場所
金属管工事	◎	◎	◎	◎
合成樹脂管工事	◎	◎	◎	◎
ケーブル工事	◎	◎	◎	◎
金属可とう電線管工事	◎	◎	◎	◎
がいし引き工事	◎	◎		
金属ダクト工事	◎			
金属線ぴ工事	○			
ライティングダクト工事	○			

※○は 300V 以下に限る。

▶▶正解　イ

ケーブル終端部分では、導体から発生する電気力線は、最も近くの銅テープ端部に到達しテープ端部に電気力線が集中し、**電位傾度（＝電界強度）**が大きくなる。すると、銅テープ端部に接触している絶縁体部分に高電界がかかり続けるため、他の部分よりも早く**絶縁性能が低下（劣化）**する。

この劣化を防ぐ（遅くする）ため、ケーブル終端部の銅遮へいテープと絶縁体の間に**ストレスコーン**を挿入し銅テープを円錐形にすると、電気力線の集中が緩和され、電位傾度（＝電界強度）も緩和され、**劣化を遅くする**ことができる。

よって、不適切なものは**イ**である。

問 31　▶▶正解　イ

　地中埋設管路の物件の名称、管理者名及び電圧を表示した埋設表示シートの施設を省略できるのは、地中埋設管路長が**15 m以下**である（電技解釈第120条第2項第二号）。

　よって、不適切なものは**イ**である。

問 32　▶▶正解　ロ

　高圧分岐ケーブル系統の地絡電流を検出するには、**全てのケーブル**（R、S、Tの3本）を零相変流器の中に通す。

　平常時は、流れる電流で発生する**磁界が相殺**されるが、**地絡時**には地絡電流から発生する**磁界が相殺されない**ので、地絡電流を検出できる。

　よって、不適切なものは**ロ**である。

4年度【午後】一般問題

問 33　▶▶正解　ニ

　高圧受電設備規程・資料1-1-5「耐震対策」より、変圧器の防振装置に使用する耐震ストッパの**アンカーボルト**には、せん断力だけでなく**引き抜き力も考慮**しなければならない。

　よって、適切でないものは**ニ**である。

問 34　▶▶正解　イ

　高圧進相コンデンサを自動力率調整装置により自動で開閉する場合、コンデンサの入切は負荷の位相変化（力率変化）により頻繁に行われるので、**イの高圧交流真空電磁接触器**が適している。

　なお、ロ、ハ、ニは、自動開閉装置として用いない。

　よって、最も適切なものは**イ**である。

問 35 ▶▶正解　ニ

B種接地工事の接地抵抗値は、電技解釈第17条による。

接地抵抗値は、I_gを当該変圧器の高圧側1線地絡電流[A]とすると、

1. 原則　$\dfrac{150}{I_g}$［Ω］以下

2. 混触時1秒を超え2秒以下　$\dfrac{300}{I_g}$［Ω］以下

3. 混触時1秒以下　$\dfrac{600}{I_g}$［Ω］以下

設問文に、1秒以下で自動的に高圧電路を遮断する装置を設けるとき、とされているので上記の**3.**の場合となり、正解は**ニ**である。

問 36 ▶▶正解　ニ

感電事故防止の観点から接地が非常に重要である。

接地器具取り付け時には、**まず接地金具を接地線に接続**し、次に電路側金具を電路側に接続する。

接地器具取り外し時には、**まず電路側金具を外し**、次に接地側金具を外す。

よって、誤っているものは**ニ**である。

問 37 ▶▶正解　ニ

高圧受電設備の定期点検で配線は外さないので相が変わることはない。そのため、検相器は用いない。

よって、用いないものは**ニ**である。

問 38 ▶▶正解　イ

軽微な工事とは、電気工事士法の電気工事の対象とならない工事で、**電気工事士等の資格は不要**である。次に軽微な工事を示す。

①差込み接続器、ねじ込み接続器、ソケット、ローゼット、その他の接続器又はナイフスイッチ、カットアウトスイッチ、スナップスイッチその他の開閉器にコード又はキャブタイヤケーブルを接続する工事

②電気機器（配線器具を除く。以下同じ）の端子に電線（コード、キャブタイヤケーブル及びケーブルを含む。以下同じ）をネジ止めする工事 等

よって、誤っているものは**イ**である。

問 39 ▶▶正解　ハ

電気用品安全法第 28 条第 1 項による。

第一種電気工事士は、**電気用品安全法に基づいた表示のある電気用品でなければ、一般用電気工作物の工事に使用してはならない。**

よって、**ハ**が正しい。

問 40 ▶▶正解　ハ

電路と大地間の絶縁抵抗値は、「電気設備の技術基準を定める省令」において下表の通り。絶縁抵抗値は 0.1、0.2、0.4MΩ以上で、0.3MΩ以上の表記はない。

電路の使用電圧の区分		絶縁抵抗値
300V 以下	対地電圧（接地式電路においては電線と大地間の電圧、非接地式電路においては電線間の電圧をいう）が 150V 以下	0.1MΩ以上
	その他の場合	0.2MΩ以上
300V を超えるもの		0.4MΩ以上

よって、不適切なものは**ハ**である。

② 配線図 1

問 41　▶▶正解　ニ

①が示す機器は、**ニ**の**漏電遮断器（過負荷保護付）**である。文字記号は ELB（ELCB）である。漏電電流を検出すると電路を遮断して感電や漏電火災を防止する。

また、過負荷保護付なので、過電流（大きな電流）が流れた場合にも電路を遮断する。

問 42　▶▶正解　ロ

押しボタンの操作により三相誘導電動機を始動させ、タイマの設定時間で停止させるには、②の部分にタイマ（限時動作形）の b 接点が必要である。

よって、図記号は**ロ**である。

押しボタンを押すと MC と TLR（タイマ）が励磁され、タイマが時間のカウントを始める。MC が励磁されることで③の MC の接点も閉じるので、押しボタンを放しても③の部分で自己保持されてカウントは続く。

タイマの設定時間経過後、タイマの限時動作接点の b 接点が開き、MC は消磁し、MC の主接点が開いて三相誘導電動機は停止する流れである。

問 43 ▶▶正解　ハ

電磁接触器（MC）の自己保持が目的である。この接点が閉じることで、並列に接続された押しボタンを放しても MC が自己保持されて回転が維持される。

よって、正解は**ハ**である。

問 44 ▶▶正解　ニ

イは電磁継電器（R）で、電磁石の働きで接点を開閉する機器である。
ロは電磁接触器（MC）で、電磁コイルに電圧をかけて接点の開閉をする機器である。
ハはタイムスイッチ（TS）で、電気器具と電源との間に入れて、任意の時間に自動的に電源を入れたり、切ったりする装置である。
ニは限時継電器（TLR）であり、④に設置されている。

よって、④に設置する機器は、**ニ**である。

問 45 ▶▶正解　イ

ブザーの図記号は、**イ**である。ロはサイレン、ハはベルの図記号である。ニの図記号はない。

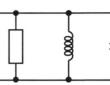

③ 配線図2

問46 ▶▶正解　ニ

①で示す機器は、地絡方向継電器付高圧交流負荷開閉器（DGR付PAS）に内蔵されている**零相変流器**（**ZCT**）である。地絡時の零相電流を検出するものである。

よって、正解はニである。

問47 ▶▶正解　ニ

イとロは、**金属管**なので接地線には使用できない。接地線に電流が流れると一方向に電流が流れるため、誘導障害を生じるおそれがある。ハの合成樹脂製可とう電線管（**CD管**）は、**コンクリート埋め込み**にしか使用できない。

よって、②の接地工事に使用する保護管として適切なものは、硬質ポリ塩化ビニル電線管のニである。

問48 ▶▶正解　ニ

ZCT（高圧零相変流器）とZPDを組み合わせていることから、DGR（地絡方向継電器）が③の部分に設置される機器であることがわかる。図記号はニである。零相電流と零相電圧の位相差から地絡電流の方向が判別できる。ZCTのみとの組合せはGR（地絡継電器）で、イの図記号となる。（次ページ図参照）

よって、正解はニである。

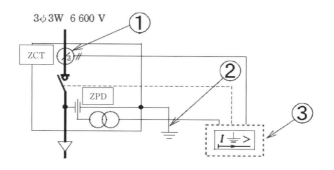

問 49 ▶▶正解 **イ**

④が示す図記号より、**VCT（電力需給用計器用変成器）** であり、**イ**が正解である。計器用変圧器（VT）と計器用変流器（CT）を1つのケースに収めたもので、電力量計と組み合わせて有効電力量や無効電力量を計測する。

問 50 ▶▶正解 **ニ**

イは、断路器（DS：ディスコン）操作用のフック棒である。

ロは、イと同じだがワイヤー付きで、このワイヤーを接地につないで放電させることができる。

ハは、高圧検相器である。2つの検電器の間にワイヤーが付いていて2つの相の進み遅れを表示する。

ニは、高圧の検電器であり、⑤の部分の検電確認に用いる。風車のような機器が内部にあり、高圧で荷電されている場所に近づけると、風車のような機器が電圧を回転運動へと変換し、自動的に回るため、目視確認がしやすい構造である。

よって、正解はニである。

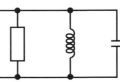

（1） 一般問題

問1 ▶▶正解 **イ**

コンデンサが蓄える静電エネルギー W [J] は、次式となる。

$$W = \frac{1}{2} \times CV^2 \text{ [J]} \quad (C：静電容量 \text{ [F]})$$

よって、電圧 V の2乗に比例することから、**イ**が正しいものとなる。

なお、静電容量 C に比例することから、$C = \varepsilon \dfrac{A}{d}$ [F] より、電極の面積 A [m²] に比例、距離 d [m] に反比例、誘電率 ε [F/m] に比例するため、ロ、ハ、ニは誤りである。

よって、正解は**イ**である。

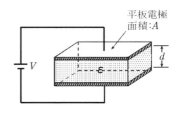

平板電極
面積:A

問2 ▶▶正解 **ニ**

スイッチSが開いているときの回路は、**図1**のようになる。

2 Ω の抵抗にかかる電圧 V [V] は、

$$V = 60 - 36 = 24\text{V}$$

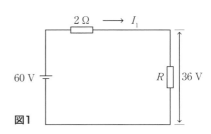

図1

したがって、回路を流れる電流 I_1 は、

$$I_1 = \frac{24}{2} = 12\text{A}$$

よって、抵抗 R は、

$$R = \frac{36}{12} = 3\ \Omega$$

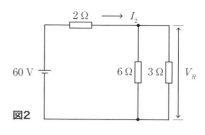

図2

スイッチ S を閉じたときの回路は**図2**となる。

合成抵抗 R' は、

$$R' = 2 + \frac{6 \times 3}{6 + 3} = 2 + 2 = 4\ \Omega$$

回路に流れる電流 I_2 は、

$$I_2 = \frac{60}{R'} = \frac{60}{4} = 15\text{A}$$

R の両端の電圧 V_R は、60V から抵抗 2 Ω による電圧降下を引けばよいので、

$$V_R = 60 - 15 \times 2$$
$$= 60 - 30 = 30\text{V}$$

よって、正解は**二**である。

問 3　▶▶**正解　イ**

20Ω の抵抗に流れる電流 I_R は、

$$I_R = \frac{V}{R} = \frac{200}{20} = 10\text{A}$$

ベクトルで示すと下図のようになる。

力率 $\cos\theta = 10/20 = 0.5 \blacktriangleright 50\%$

よって、正解は**イ**である。

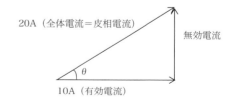

20A（全体電流＝皮相電流）

無効電流

θ

10A（有効電流）

4 年度【午前】　一般問題

問 4 ▶▶正解　ニ

48V 部分に流れる電流を求める。

ベクトル図より、48V 部分のインピーダンスは、

$$Z = \sqrt{(10 - 2)^2} = 8\,\Omega$$

流れる電流 I は、$I = \dfrac{48}{8} = 6\mathrm{A}$

➡回路を流れる電流回路の消費電力 P（R の消費電力）は、

$$P = I^2 \times R = 6 \times 6 \times 15 = 540\mathrm{W}$$

よって、正解はニである。

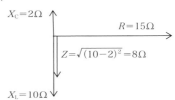

問 5 ▶▶正解　ロ

イ：1 相当たりのインピーダンス Z は、

$$Z = \sqrt{R^2 + X^2} = \sqrt{8^2 + 6^2} = 10\,\Omega$$

ロ：相電圧は $\dfrac{200}{\sqrt{3}}$ V なので、線電流 I は、

$$I = \frac{\dfrac{200}{\sqrt{3}}}{10} = \frac{20}{\sqrt{3}}\,\mathrm{A}$$

となり、**10A** は誤りである。

ハ：消費電力は $\sqrt{3}\,VI\cos\theta$ なので、

$$\sqrt{3} \times 200 \times \frac{20}{\sqrt{3}} \times \frac{8}{10} = 3200\mathrm{W} \quad \left(\cos\theta = \frac{R}{Z} = \frac{8}{10}\right)$$

ニ：無効電力は $\sqrt{3}\,VI\sin\theta$ なので、

$$\sqrt{3} \times 200 \times \frac{20}{\sqrt{3}} \times \frac{6}{10} = 2400\mathrm{var} \quad \left(\sin\theta = \frac{6}{10}\right)$$

なお、消費電力及び無効電力を計算する際の電圧 V は線間電圧である。

よって、**ロ**は誤りである。

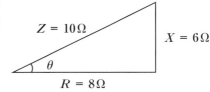

問 6　▶▶**正解　ロ**

　図のような単相2線式回路で、各分散負荷の電線による電圧降下については、

　　①B−C間の電圧降下は 5A × 0.1 Ω × 2 = 1V

　　②A−B間の電圧降下は （5A + 5A）× 0.1 Ω × 2 = 2V

　　③電源−A間の電圧降下は （10A + 5A + 5A）× 0.1 Ω × 2 = 4V

　よって、V_C = 210V − (1V + 2V + 4V) = 203V となり、**ロ**が正しい。

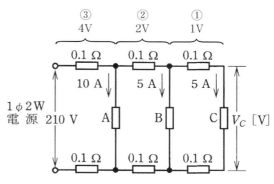

▶▶正解　ハ

　図中の×印の点 P で断線したときの回路を変換すると、以下のような図になる。

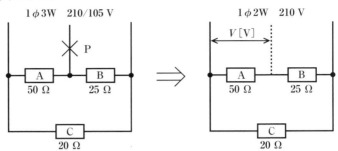

　図より抵抗負荷 A に加わる電圧を V [V] とすると、電圧は抵抗に比例するので、

$$V = 210 \times \frac{50}{25 + 50} = 140V$$

よって、正解は**ハ**である。

▶▶正解　ニ

$$需要率 = \frac{最大需要電力}{設備容量}$$

需要率 60% ➡ $0.6 = \dfrac{P_M}{400}$ ➡ $P_M = 0.6 \times 400 = \underline{240kW}$

$$負荷率 = \frac{平均需要電力}{最大需要電力}$$

負荷率 50% ➡ $0.5 = \dfrac{平均需要電力}{240}$

➡ 平均需要電力 $= 0.5 \times 240 = 120kW$

1 日の需要電力量 $W = 120kW \times 24$ 時間 $= \underline{2880kW \cdot h}$

よって、**ニ**が正しい。

問 9 ▶▶正解　ロ

E_B の抵抗を $r_b = 10\Omega$、E_D の抵抗を $r_d = 40\Omega$ とすると、問題の図は右記のように描け、A 点の対地電圧 V_d は、

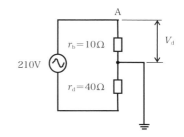

$$V_d = 210 \times \frac{40}{10 + 40} = 168\text{V}$$

よって、正解は**ロ**である。

問 10 ▶▶正解　イ

三相誘導電動機の回転速度は、下記の式で表される。

$$N = \frac{120f}{p} \; (1 - s)$$

f：周波数
s：滑り
p：極数

インバータは、交流電流を任意の周波数や電圧に変更することができるので、かご形誘導電動機の回転速度は、入力周波数を変えることで制御することができる。

よって、**イ**が正しい。

問 11 ▶▶正解　ハ

V 結線の出力 P_V は、

$$P_V = \sqrt{3}\, V_{ab}I_a = \sqrt{3}\, VI$$

単相変圧器 2 台の出力は、$2VI$ であるから、

$$利用率 = \frac{\sqrt{3}\, VI}{2VI} = \frac{\sqrt{3}}{2}$$

よって、**ハ**が正しい。

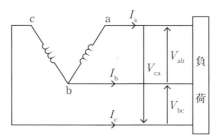

4年度【午前】一般問題

問題 ▶ p.91 ～ 93　　69

問 12 ▶▶正解　ニ

図のように、作業面上 P 点の直上 r [m] のところに I [cd] の光源があるとき、直下の P 点の照度 E [lx] は次式となる。これを、距離の逆 2 乗の法則という。

$$E = \frac{I}{r^2} \text{ [lx]}$$

よって、**ニ**が正しい。

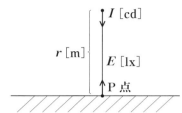

問 13 ▶▶正解　イ

鉛蓄電池の電解液は希硫酸（H_2SO_4）である。陽極に二酸化鉛、陰極には鉛を使用している。

よって、**イ**が正しい。

過充電・過放電に弱いのは鉛蓄電池である。

単一セルの起電力は、鉛：2V、アルカリ：1.2V である。

問 14 ▶▶正解　ニ

写真の照明器具にはガードがついている。

一般的にガード付きの照明器具は防爆型なので、可燃性のガスが滞留するおそれのある場所で使用される。

よって、正解は**ニ**である。

問 15 ▶▶**正解** ロ

　写真に示す機器の矢印部分①は、**ロ**の電磁接触器である。内部のコイルが励磁されると電磁力により接点が閉じ、消磁されると接点は開く。一般に、負荷電流が流れる主回路の開閉に使われる。

　下部の②は熱動継電器で、①、②合わせて電磁開閉器と呼ばれる。

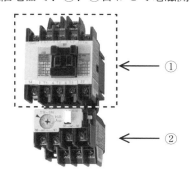

問 16 ▶▶**正解** ロ

　コージェネレーションシステムとは、下図のように電気と熱を併せ供給する発電システムである。

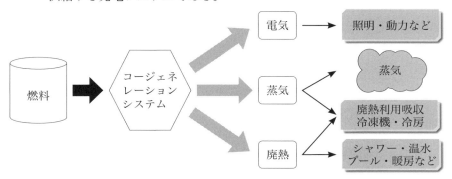

　よって、最も適切なものは**ロ**である。

▶▶正解　ハ

水力発電所の発電機出力は、

9.8 × Q（水量）× H（有効落差）× η（効率）

$$= 9.8 \times 20 \times 100 \times \frac{85}{100} ≒ 16.7MW$$

となり、**ハ**が正しい。

▶▶正解　ロ

架空送電線のスリートジャンプ現象とは、下図のように、氷雪が脱落して、電線がはねあがる現象である。

スリートジャンプ現象に対する対策として、鉄塔では上下の電線間にオフセット（間隔）を設ける。

よって、適切なものは**ロ**である。

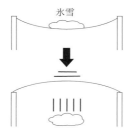

氷雪

氷雪が脱落して、電線がはね上がる

▶▶正解　ハ

抵抗接地方式は、中性線を抵抗を通じて接地する方式である。

地絡電流を抑制することができるので、**通信線に対する電磁誘導障害の影響は小さくなる。**

よって、**ハ**は誤りである。

問 20　▶▶正解　**イ**

高圧受電設備の受電用遮断器の遮断容量を決定する場合、**受電点の三相短絡電流以上**の遮断容量を選定する必要がある。つまり事故電流を遮断できる能力にしなければならない。

よって、必要なものは、**イ**の受電点の三相短絡電流である。

問 21　▶▶正解　**ハ**

通電中の変流器の二次側回路に接続されている電流計を取り外す場合、最初に変流器の両端を短絡させ、電流計に電流が流れないようにする。電流計に電流が流れないので、その後安全に取り外すことができる（変流器二次側を短絡しても、変流器一次側の電流が負荷電流で定まっているので、変流比以上の電流が二次側に流れない）。

通電中に変流器の二次側回路を開放すると、非常に高い電圧が発生し変流器等に絶縁不良が発生し危険である（一次側電力＝二次側電力 ➡ $V_1 I_1 = V_2 I_2$ ➡ $V_2 = \dfrac{V_1 I_1}{I_2}$ で $I_2 = 0$ とすると V_2 は無限大となる）。

よって、適切なものは**ハ**である。

問 22　▶▶正解　**ニ**

写真の品物は、**断路器**（ディスコンとも呼ぶ）である。停電作業などの際に開路して、目視で電路の開閉状態の確認ができる装置である。

よって、用途は**ニ**である。

4年度〔午前〕

一般問題

▶▶正解　ニ

　写真は LBS（Load Break Switch）で高圧交流負荷開閉器と呼ばれ、変圧器やコンデンサなどの高圧機器や電路の入・切のために使用される開閉器である。

　点線部分は、ヒューズで高圧電路の短絡保護に使用される。

　溶断動作後は溶断表示棒が飛び出し、トリップレバー（ヒューズ下の金属プレート）を押し出してラッチが動作し三相すべてが開放される（ストライカ引き外し方式）。このため一相でもヒューズが溶断すると三相全てが開放されるため、欠相運転を防止することができる。

　よって、点線部分の主な役割は**ニ**の高圧電路の短絡保護である。

▶▶正解　ハ

　VVF ケーブルは「600V ビニル絶縁ビニルシース平形ケーブル」といい、住宅や建築物の屋内で照明やコンセントの電源に多く使用するケーブルである。

　移動用電気機器の電源回路などに使用する塩化ビニル樹脂を主体としたコンパウンドを絶縁体及びシースとするビニル絶縁ビニルキャブタイヤケーブルは、VCT である。

　よって、誤っているものは**ハ**である。

問 25　**▶▶正解　ハ**

イは家庭のエアコン用でよく使用されている1極が接地極の単相200V15A接地極付コンセント。

ロは1極が接地極の三相200V20A（引掛形）接地極付コンセント（3極は三相）。

ハは1極が接地極の単相100V15A（引掛形）接地極付コンセント（2極は単相）。

ニは1極が接地極の三相200V15A接地極付コンセント。

よって、使用できないものは**ハ**である。

問 26　**▶▶正解　ニ**

写真に示す工具は、**張線器（シメラー）**である。架空配線等電線のたるみや支線のたるみを引っ張って取るために使用する。

よって、名称は**ニ**である。

問 27　**▶▶正解　ロ**

平形保護層工事とは、カーペットの下や天井裏など、乾燥していて、なおかつ点検可能な隠ぺい場所に、絶縁体と導体の三層から成るフラット平形ケーブルを、保護層のシールドテープで上下からサンドイッチして配線する工事である。

壁等の造営材を貫通し防火区画処理した部分は点検可能な隠ぺい場所ではないので施設できない。

よって、誤っているものは**ロ**である。

問 28　**▶▶正解　ニ**

CD管は自己消火性がないので、コンクリート埋め込み専用の合成樹脂製可とう電線管である。

PF管は、隠ぺい配管、露出配管、コンクリート埋め込み配管に使用できる。

よって、誤っているものは**ニ**である。

▶▶正解　ロ

　金属線ぴ工事の施設可能場所は、**点検できる**隠ぺい場所で、**乾燥**していることが施工条件となる。この場合「湿気の多い場所又は水気のある場所」なので、**ロ**の金属線ぴ工事は施工することはできない。

工事の種類	露出場所 点検できる隠ぺい場所		点検できない隠ぺい場所	
	乾燥した場所	その他の場所	乾燥した場所	その他の場所
金属管工事	◎	◎	◎	◎
合成樹脂管工事	◎	◎	◎	◎
ケーブル工事	◎	◎	◎	◎
金属可とう電線管工事	◎	◎	◎	◎
がいし引き工事	◎	◎		
金属ダクト工事	◎			
金属線ぴ工事	○			
ライティングダクト工事	○			

※○は300V以下に限る。

▶▶正解　ハ

　UGSは、負荷電流を遮断することができるが、短絡電流のような大きな電流は、遮断することができない。

　そのため、SOG動作（過電流蓄勢トリップ付地絡トリップ動作：Storage Over Current Ground）でリレーが動作し開閉器がロックされて電力会社の遮断器によって遮断され、無充電になったところでUGSの開閉器を切る。

　よって、不適切なものは**ハ**である。

▶▶正解　ニ

　表示については、電技解釈第120条第4項第三号に「第2項第二号の規定に準じ、表示を施すこと。」と規定されている。地中電線路の長さが15m以下では除外されるが、長さ20mでは表示を省略できない。

　よって、不適切なものは**ニ**である。

問 32　▶▶**正解　ロ**

高圧引込ケーブルの防護管には A 種接地工事が必要で、接地工事は省略できない。

よって、不適切なものは**ロ**である。

問 33　▶▶**正解　イ**

ケーブルラック上の電線には電気が流れていて、ケーブルラックは金属なので電線の被覆に傷がついてしまい、ケーブルラックに電気が流れると、ケーブルラックに触れた人が感電し非常に危険なので、ケーブルラックには接地が必要である。

よって、誤っているものは**イ**である。

問 34　▶▶**正解　ロ**

絶縁耐力試験は交流の電線路では交流の試験電圧を印加して行うのが原則だが、ケーブルの場合は交流試験電圧の**2 倍**に相当する直流電圧により実施してもよい（電技解釈第 15 条）。

ケーブルは静電容量が大きく、交流電圧をかければ、比較的大きな充電電流（交流）が流れるので、交流試験では大容量の電源設備が必要で、現場での適用が困難となる。

直流耐圧試験の場合は、直流電圧印加直後に過渡的な充電電流が流れるが、ある程度の時間が経てば微小な漏れ電流のみとなる。すなわち、直流耐圧試験では、交流耐圧試験に比べて、試験電源の容量が格段に小さくできる。

よって、不適切なものは**ロ**である。

問 35 ▶▶正解 イ

　各接地工事は、下表の通りである。D 種接地工事の接地抵抗値は 100 Ω 以下でなければならない。

　よって、誤っているものは**イ**である。

種類	主な施設場所	接地抵抗値		接地線の太さ
A 種	高圧機器の金属製外箱	10Ω以下		2.6mm 以上
B 種	変圧器低圧側の 1 端子	[150／（1 線地絡電流）] Ω 以下		
C 種	300V 超の低圧機器の金属製外箱	10Ω以下	**0.5 秒**以内に動作する漏電遮断器を施設した場合は**500Ω以下**	1.6mm 以上
D 種	300V 以下の低圧機器の金属製外箱	100Ω以下		

問 36 ▶▶正解 ロ

　月間などの 1 期間を求めるので**量**が必要である。答えで量が入っている 2 つの計器は**ロ**の電力量計と無効電力量計である。

問 37 ▶▶正解 ニ

　低圧電路の使用区分により、絶縁抵抗値が定められている（電技第 58 条）。

　　・300V 以下で対地電圧 150V 以下：0.1MΩ

　　・300V 以下で対地電圧 150V 超過：0.2MΩ

　　・300V 超過：0.4 MΩ

　また、低圧電路の絶縁抵抗測定が困難な場合（停電不可など）は、漏えい電流が 1mA 以下なら絶縁が保たれていると判断している（電技解釈第 14 条第 1 項）。

　よって、適切なものは**ニ**である。

問38 ▶▶正解 ハ

下表により、イ・ロは500kW以上なので工事資格は必要でない。

ハは、第一種電気工事士免状の交付を受けている者でなければ従事できない。

ニは、配電用変電所内なので電力会社の作業のため工事資格は必要でない。

よって、従事できない作業はハである。

資格	電気工作物						
	事業用電気工作物						一般用電気工作物
	電気事業の用に給する電気工作物	自家用電気工作物					
		発電所、変電所、500kW以上の需要設備、送電線路等	500kW未満の需要設備				
			ネオン設備及び非常用予備発電装置	電線路を除いた電圧600V以下の需要設備（簡易電気工事）	その他需要設備 ハ		
第一種電気工事士				○	○		○
第二種電気工事士							○
特種電気工事資格者			○				
認定電気工事従事者				○			
必要としない	電気主任技術者の監督の下で行う工事 **イ ロ ニ**						

※軽微な工事は、電気工事士等の資格は不要（電気工事士法の電気工事の対象外）p.59の令和4年度【午後】問38解答・解説参照。

▶▶正解　ニ

電気事業法では、電線路維持運用者（電力会社等）に対して、その電線路と直接に電気的に接続する一般用電気工作物（小出力発電設備を除く。）に係る技術基準の適合性について調査し、技術基準に適合しない場合、とるべき措置等を所有者、占有者に通知することを義務付けている。

この一般用電気工作物の調査は、電力会社の他、電力会社から委託を受けた「登録調査機関（電気事業法第 57 条の 2 第 1 項に基づき経済産業大臣の登録を受けた者）」が行う。

調査の種類は、

・竣工調査：**一般用電気工作物が設置された時**及び変更の工事が完了した時に行う。

・定期調査：一般需要家においては 4 年に 1 回以上実施。

よって、不適切なものはニである。

▶▶正解　ニ

電気工事業の業務の適正化に関する法律第 20 条第 2 項に、「一般用電気工事の作業に従事する者は、主任電気工事士がその職務を行うため必要があると認めてする指示に従わなければならない。」と規定されている。

主任電気工事士とは、一般用電気工作物の設置や変更のための電気工事を行う営業所に配置しなければならない資格者である。

よって、ニが正しい。

② 配線図

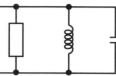

問 41　▶▶正解　ハ

ハは塩ビ管カッターで、①では塩ビ管は使用しないので不要。

イはケーブルを切るケーブルカッター。

ロはケーブルの被覆をむく電工ナイフ。

ニは金ゴテ。ケーブルの銅シールド（銅箔）をシールド線とはんだ付けして接続し接地線とする時に使用する。

よって、不要なものは**ハ**である。

問 42　▶▶正解　ロ

ケーブル終端部分では、導体から発生する電気力線は、最も近くの銅テープ端部に到達しテープ端部に電気力線が集中し、電位傾度（＝電界強度）が大きくなる。すると、銅テープ端部に接触している絶縁体部分に高電界がかかり続けるため、他の部分よりも早く絶縁性能が低下（劣化）する。

この劣化を防ぐ（遅くする）ため、ケーブル終端部の銅遮へいテープと絶縁体の間にストレスコーンを挿入し銅テープを円錐形にすると、電気力線の集中が緩和され、電位傾度（＝電界強度）が緩和され、劣化を遅くすることができる。

よって、②で示すストレスコーン部分の主な役割は**ロ**である。

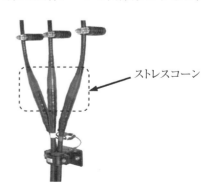

ストレスコーン

問題▶ p.107〜109

問 43 ▶▶正解　ロ

開路は一般的に下流から行う。ただし、断路器で電流が流れていなければ開路してもよい。

　ⓐは高圧交流負荷開閉器（LBS）。

　ⓑは断路器（DS）で、電流が流れている時に開路するとアークが発生するので危険である。

　ⓒは高圧交流遮断器（CB）。

　よって、ロは電流が流れている時にⓑ断路器を開路するので不適切である。

問 44 ▶▶正解　ロ

　④はヒューズで、計器用変圧器の内部短絡事故が主開路に波及することを防止するものである。

　よって、主な目的はロである。

問 45 ▶▶正解　イ

　⑤に設置する機器はイのランプである。ロは計器用切換開閉器、ハはブザー、ニは押しボタンである。

　よって、正解はイである。

問 46 ▶▶正解　ハ

　一般的に TT 試験端子（Test Terminal）という。TT 試験端子には、試験用端子（電圧端子）と試験用端子（電流端子）があるが、⑥は電圧計につながっているので試験用端子（電圧端子）である。

　よって、器具の名称はハである。

問 47 ▶▶正解　ハ

　避雷器の開閉器は通常は電流が流れず異常時に電流が流れるので、一般的に断路器を使用する。

　よって、⑦の図記号はハである。

問 48 ▶▶正解 **ハ**

⑧で示されている部分には LBS と記載されているので高圧交流負荷開閉器だが、ヒューズが入っているので限流ヒューズ付高圧交流負荷開閉器である。

よって、名称は**ハ**である。

問 49 ▶▶正解 **ニ**

⑨は変圧器二次側で低圧用 CVT ケーブル。CVT ケーブルはイとニだが、イは銅シールドがあるので高圧用 CVT ケーブル。

よって、⑨は**ニ**の低圧用 CVT ケーブルである。

問 50 ▶▶正解 **ニ**

動力制御盤内に△スターデルタ始動のマークがあるので、動力制御盤から電動機に至る配線は **6** 本である。

よって、必要とする電線本数は**ニ**である。

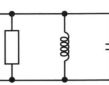

① 一般問題

 問1 ▶▶正解 ハ

点電荷に働く力は、クーロンの法則の公式で、次のような式で表される。

$$F = k\frac{Q_1 Q_2}{r^2} \ [\text{N}]$$

F：２つの電荷が反発または引き合う力、単位は［N］（ニュートンと読む）

Q_1：１つ目の電荷の電荷量、単位は［C］　➡　問題では $+Q$

Q_2：２つ目の電荷の電荷量、単位は［C］　➡　問題では $-Q$

r：２つの電荷間の距離、単位は［m］

k：比例定数

以上より、点電荷間に働く力 F は、$\dfrac{Q^2}{r^2}$ に比例する。

よって、**ハ**が正しい。

問2 ▶▶正解 ロ

はじめに、I_1 を求める。

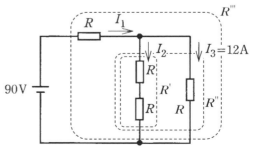

合成抵抗 R'' は、

$$R' = R + R = 2R$$

$$R'' = \frac{R'R}{R' + R} = \frac{2RR}{2R + R} = \frac{2R}{3}$$

全体抵抗 R''' は、

$$R + R'' = \frac{3R + 2R}{3} = \frac{5R}{3}$$

以上より、I_1 は、

$$\frac{90}{\dfrac{5R}{3}} = \frac{54}{R}$$

I_1 が流れる R での電圧降下は、

$$R \times I_1 = R \times \frac{54}{R} = 54\text{V}$$

I_3 が流れる R に印可される電圧は、

$$90 - 54 = 36\text{V}$$

こここの R にオームの法則を適用すると、

$$R = \frac{36}{12} = 3\Omega$$

よって、ロが正しい。

問 3　▶▶正解　ハ

力率 $\cos\theta$ は、

$$\left\lceil \frac{\textbf{抵抗に流れる電流}}{\textbf{回路全体の電流}} \right\rceil の式で求めることができる。$$

力率 $\cos\theta = \dfrac{15}{17} \fallingdotseq 0.88$　➡　88%

よって、ハが正しい。

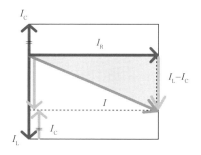

問 4 ▶▶正解　ニ

各電流のベクトル図より、回路電流 I の値が最も小さくなるのは、$I = I_\mathrm{R}$ の場合である。

この時は、$I_\mathrm{L} = I_\mathrm{C}$ となる。

よって、ニが正しい。

問 5 ▶▶正解　ハ

デルタ結線では、

・線電流＝$\sqrt{3}$ × 相電流

・相電圧＝線間電圧

問題で考えると、

・線電流 $I = \sqrt{3} \times I'$

・相電圧 $= 200\mathrm{V}$

・インピーダンス $Z = \sqrt{16^2 + 12^2} = 20\,\Omega$

・相電流 $I' = \dfrac{200}{20} = 10\mathrm{A}$

・線電流 $I = \sqrt{3} \times 10 = 17.3\mathrm{A}$

よって、ハが正しい。

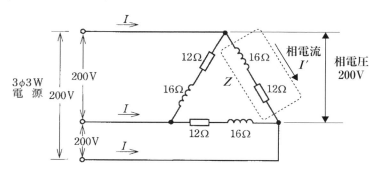

問 6 ▶▶正解　ロ

進み力率の時の三相3線式の電圧降下 v は、

$$v = \sqrt{3}\,I\,(R\cos\theta - X\sin\theta)\ [\text{V}]$$

数値を代入して、

$$v = \sqrt{3} \times 20\,(0.8 \times 0.9 - 1 \times 0.436) \fallingdotseq 10\text{V}$$

送電端の線間電圧＝受電端電圧＋電圧降下＝ 6700 ＋ 10 ≒ 6710V

よって、**ロ**が正しい。

問 7 ▶▶正解　ロ

線路損失を最小にするには、負荷の無効電力をすべて打ち消す容量の**コンデンサを接続**する。

接続されている負荷の皮相電力を S [kV・A]、有効電力を P [kW]、無効電力を Q [kvar] とすると、

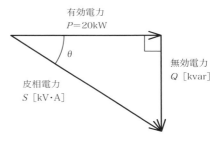

$$S = \frac{P}{\cos\theta} = \frac{20}{0.8} = 25\text{kV・A}$$

$$Q = S\sin\theta = 25 \times 0.6 = 15\text{kvar}$$

よって、**ロ**が正しい。

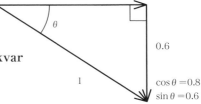

3年度【午後】 一般問題

▶▶正解　ハ

受電端の**三相短絡電流** I_s は、

$$I_\mathrm{s} = I_\mathrm{n} \times \frac{100}{\%Z}$$

ここで、$\%Z = Z$ なので、

$$I_\mathrm{s} = I_\mathrm{n} \times \frac{100}{Z} \quad\cdots\cdots\cdots\cdots\cdots\cdots\cdots\cdots\cdots\text{①}$$

基準容量 $10\mathrm{MV \cdot A} = \sqrt{3}\,VI_\mathrm{n}$ ➡ $I_\mathrm{n} = \dfrac{10}{\sqrt{3}\,V}$ ……②

①式に②式を代入して、

$$I_\mathrm{s} = \frac{10}{\sqrt{3}\,V} \times \frac{100}{Z} = \frac{1000}{\sqrt{3}\,VZ}$$

よって、**ハ**が正しい。

▶▶正解　**イ**

・相電圧 V'

　　電源電圧は V［V］なので、**相電圧** V' は、$V' = \dfrac{V}{\sqrt{3}}$ [V]

・**1 相のリアクタンス X**

　　1 相のリアクタンス X は、誘導性リアクタンスと容量性リアクタンスが打ち消し合うので、

$$X = X_\mathrm{C} - X_\mathrm{L}$$

・線電流 I

$$I = V' \times \frac{1}{X} = \frac{V}{\sqrt{3}} \times \frac{1}{X_\mathrm{C} - X_\mathrm{L}}$$

・**3 相分の無効電力 Q**

$$Q = 3 \times I^2 \times X = 3 \times \left(\frac{V}{\sqrt{3}} \times \frac{1}{X_\mathrm{C} - X_\mathrm{L}} \right)^2 \times (X_\mathrm{C} - X_\mathrm{L})$$

$$= \frac{V^2}{X_\mathrm{C} - X_\mathrm{L}}\ [\mathrm{var}]$$

よって、**イ**が正しい。

問 10 ▶▶正解　ニ

　三相誘導電動機は構造上、**かご形**と**巻線形**に分類されるが、二次抵抗始動は、巻線形電動機の回転子回路に始動用抵抗を挿入し、三相誘導電動機に固有の比例推移の特性を利用した始動法である。

　よって、用いられないものは**ニ**である。

問 11 ▶▶正解　ニ

　巻線の抵抗や損失を無視すると**一次電力＝二次電力**が成り立つ。

$$V_1 I_1 = V_2 I_2$$

$$V_2 I_2 = \frac{V_2^2}{R}$$

数値を代入すると、

$$2000 \times 1 = \frac{V_2^2}{20}$$

$$V_2^2 = 2000 \times 20 = 40000$$

以上より、$V_2 = 200\text{V}$

よって、**ニ**が正しい。

問 12 ▶▶正解　ロ

　電磁調理器（IH）の磁力発生コイル（誘導加熱コイル）に電流を流すと電磁誘導の法則で磁界が発生し、この磁力線が調理器（なべやフライパンなど）の底を通るときうず電流に変わり、鍋の電気抵抗で発熱する。このように電磁調理器（IH）は、電磁誘導を使っているので加熱原理は誘導加熱である。

　よって、**ロ**が正しい。

問 13 ▶▶正解　ロ

　LED ランプに使用される LED チップの発光に必要な順方向電圧の最大値の値を、**定格**という。一般的な値は次のとおりである。
・赤、橙、黄、黄緑、純緑の LED は、およそ **1.8 ～ 2.2V 程度**
・白、電球色、青、青緑の LED は、およそ **3.2V 前後**
よって、誤っているものは**ロ**である。

問 14　▶▶正解　ロ

写真の三相誘導電動機は、巻線形三相誘導電動機で構造は図の通りである。

よって、**ロ**が正しい。

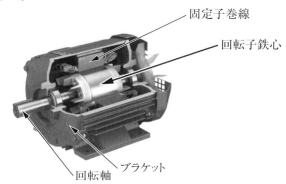

固定子巻線

回転子鉄心

ブラケット

回転軸

問 15　▶▶正解　ハ

写真の機器は電磁開閉器である。電磁開閉器は、上部が**電磁接触器**で下部が**熱動継電器**から構成される。問題は下部を指しているので、ハの熱動継電器である。

よって、**ハ**が正しい。

問 16　▶▶正解　イ

水力発電所の水車の種類で適用落差が高いものから、主に 200m 以上の高落差に適している**ペルトン水車**、主に 50 〜 200m の中落差〜高落差に適している**フランシス水車**、主に 5 〜 80m の低落差〜中落差に適している**プロペラ（カプラン）水車**に区分される。

よって、**イ**が正しい。

問 17　▶▶正解　ニ

同期発電機を並行運転するのに必要な条件は、以下の通りである。

・**周波数**が等しい
・**電圧の大きさ**が等しい
・**電圧の位相**が一致

・各原動機が**均一な速度**で回転
・速度特性曲線が**下降特性**
・容量に応じた負荷分担をするため、**百分率で表した速度特性曲線**が一致

よって、必要でないものは**ニ**である。

問 18　▶▶**正解　ロ**

多導体の特徴は、以下の通りである。

・送電線の**インダクタンスが減少**するため、**電流容量が大きく**なり**送電容量が増加**し系統安定度の向上につながる。
・電線表面の電位の傾きが下がり、コロナ開始電圧が高くなり**コロナ放電が発生しにくい。**
・電線相互に距離があり、電線間が空気という絶縁体であるため**静電容量が増加する。**

よって、誤っているのは**ロ**である。

問 19　▶▶**正解　ロ**

　ディーゼル機関の動作工程は、**吸気→圧縮→爆発（燃焼）→排気** の4つの工程で1セットである。

　よって、誤っているものは**ロ**である。

<ディーゼル機関の動作工程>

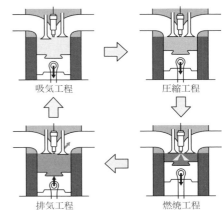

吸気工程　　　　　　圧縮工程

排気工程　　　　　　燃焼工程

問 20　▶▶**正解　イ**

避雷器内には限流ヒューズはない。

よって、**イ**は誤りである。

3年度（午後）

一般問題

問 21 ▶▶正解 イ

 B種接地工事は、高圧または特別高圧電路と低圧電路とを結合する変圧器の**低圧側中性点**の接地に適用される。目的は、高圧または**特別高圧電路と低圧電路が混触**したとき、**低圧電路の対地電圧が危険電圧まで上昇しない**ようにするためである。

・混触時の低圧側電位上昇の限度が **150V 以下**になるように、接地抵抗値が決められている。

・混触の際に高圧電路を 1 秒を超え 2 秒以内に遮断すれば、低圧側電位上昇の限度は 300V 以下で良い。

・1 秒以内に遮断すれば、600V 以下で良い。

 表で示されているように、B種接地工事の接地抵抗値を求めるには変圧器高圧側電路の **1 線地絡電流**が必要である。

 よって、**イ**が正しい。

遮断時間	B 種接地抵抗値	
下記以外	$\dfrac{150}{\text{線路の 1 線地絡電流}}$	$[\Omega]$ 以下
1〜2 秒以内	$\dfrac{300}{\text{線路の 1 線地絡電流}}$	$[\Omega]$ 以下
1 秒以内	$\dfrac{600}{\text{線路の 1 線地絡電流}}$	$[\Omega]$ 以下

問 22 ▶▶正解 ロ

 PC（Primary Cutout Swtich）で、**高圧カットアウト**ともいわれている。

 高圧受電設備に用いられる電気機器であり、負荷の開閉や過負荷保護を担っている。

 内部に電路を持っており、そこに**ヒューズ**を装着することで**過負荷保護**を行うことができる。

 よって、**ロ**が正しい。

問 23 ▶▶正解 イ

 機器の名称は**高圧進相コンデンサ**で、用途は**進み無効電力を消費し力率を改善**する。

 よって、**イ**が正しい。

問 24 ▶▶**正解　ロ**

JIS T 1022:2018 病院電気設備の安全基準により、医用コンセント及び医用接地端子の接地用リード線は、**医用接地センタのリード線に接地分岐線**によってそれぞれ**直接接続**する。

以上より、「電線及び接地線の接続は、本体裏側の接続用の穴に電線を差し込み」は間違い。

よって、**ロ**の記述は誤りである。

問 25 ▶▶**正解　イ**

地中埋設又は打ち込み接地極として、**アルミ板**は地中に埋設すると**腐食**するので、不適切である。

よって、不適切なものは**イ**である。

問 26 ▶▶**正解　ロ**

イ：工具は、メッセンジャーワイヤ等を引っ張る「張線器（シメラ）」で、材料は、メッセンジャーワイヤからケーブル等を吊るす「U型ケーブルハンガー」。

ロ：工具は、電線相互や電線と端子の圧着接続に用いる「**手動油圧圧着器**」で、材料は、張力のかからない電線・機器の分岐などの接続に使用する「**ボルト型コネクタ**」のため間違い。

ハ：工具は、壁などに固定するためのボードアンカを取り付けるための「ボードアンカ取り付け工具」で、材料は、「ボードアンカ」。

ニ：工具は、リングスリーブを圧着する「リングスリーブ用圧着工具」で、材料は、「リングスリーブ」。

よって、誤っているものは**ロ**である。

▶▶正解　ニ

電技解釈第 159 条により、金属管工事による低圧屋内配線の電線は、次による。

・絶縁電線（屋外用ビニル絶縁電線を除く。）であること。

　➡　屋外用ビニル絶縁電線なので、イは**不適切**

・金属管内では、電線に接続点を設けないこと。

　➡　金属管内に接続点を設けたので、ハは**不適切**

・低圧屋内配線の使用電圧が 300V 以下の場合は、管には、D 種接地工事を施すこと。

・低圧屋内配線の使用電圧が 300V を超える場合は、管には、C 種接地工事を施すこと。

　　ただし、接触防護措置（金属製のものであって、防護措置を施す管と電気的に接続するおそれがあるもので防護する方法を除く。）を施す場合は、D 種接地工事によることができる。

　➡　接触防護措置を施しており D 種接地工事は適切なので、**ニ**は**適切**

電技解釈第 168 条により、高圧屋内配線は、次に掲げる工事のいずれかにより施設すること。

イ：がいし引き工事（乾燥した場所であって展開した場所に限る。）

ロ：ケーブル工事

　➡　高圧絶縁電線なので、ロは**不適切**

よって、正解は**ニ**である。

▶▶正解　ニ

電技解釈第 12 条により、電線を接続する場合は、次による。

・電線の**電気抵抗を増加させない**ように接続する。

・電線の**引張強さを 20% 以上**減少させないこと。

・接続部分には、接続管その他の器具を使用し、又はろう付けすること。

・接続部分をその部分の絶縁電線の絶縁物と同等以上の絶縁効力のあるもので十分に被覆すること。

以上より、接続部分において、電線の電気抵抗が 20%増加したのは、不適切である。

よって、不適切なものは**ニ**である。

問 29 ▶▶正解 **イ**

　電技解釈第 164 条により、ケーブル工事による低圧屋内配線は、次による。

　　・電線を造営材の下面又は側面に沿って取り付ける場合は、**電線の支持点間の距離をケーブルにあっては 2m**（接触防護措置を施した場所において垂直に取り付ける場合は、6m）以下とし、かつ、その被覆を損傷しないように取り付けること。

　　・低圧屋内配線の使用電圧が 300V 以下の場合は、管その他の電線を収める防護装置の金属製部分、金属製の電線接続箱及び電線の被覆に使用する金属体には、**D 種接地工事**を施すこと。

　　・重量物の圧力又は著しい機械的衝撃を受けるおそれがある箇所に施設する電線には、適当な**防護装置**を設けること。

　以上より、支持点間の距離を 3m にして施設したのが誤っている。

　よって、誤っているものは**イ**である。

問 30 ▶▶正解 **ロ**

耐塩害屋外終端接続部である。

　陶器の碍子を使用しているので絶縁材料として優秀だが重い。形状については、メーカーや使用電圧により違いがあるが、えぐれた形状をしていて、ひだ数も多いので、余分に沿面距離を稼いでいるため、端末絶縁部に塩の付着があっても、沿面絶縁破壊を起こさないような材質と形状になっている。

　　よって、**ロ**が正しい。

問 31 ▶▶正解 **ロ**

　高圧ケーブルの太さを検討するときは、電線の「**許容電流**」「**短時間耐電流**」「**短絡電流**」が必要である。電路の完全地絡時の 1 線地絡電流は短絡電流と比べれば非常に小さいため、短絡電流を検討すれば**地絡電流**を考慮する必要がない。

　　よって、必要のない事項は**ロ**である。

問 32 ▶▶正解　ハ

　③に示す主遮断装置は **LBS**（Load Break Switch）で高圧交流負荷開閉器と呼ばれ、高圧受電設備の主遮断装置や変圧器、コンデンサなどの高圧機器の入・切のために使用される開閉器である。高圧受電設備規程 110 − 5 で、限流ヒューズ付高圧交流負荷開閉器を使用できる受電設備容量の最大値は **300kV・A** 以下と制限されている。

　よって、**ハ**が正しい。

問 33 ▶▶正解　イ

　主任技術者制度の解釈及び運用（内規）により、年次点検では次の確認を行う。

- ・低圧電路及び高圧電路の**絶縁状態**が技術基準を満たしている。
- ・**接地抵抗**が技術基準を満たしている。
- ・**保護継電器**の動作特性及び連動動作試験の結果が正常であること。
- ・**非常用予備発電装置**の起動・停止・発電電圧・発電電圧周波数が正常であること。
- ・**電池設備**のセルの電圧、電解液の比重、温度等が正常であること。

以上より、絶縁耐力試験は、年次点検では行わない。

　よって、年次点検で通常行わないものは**イ**である。

問 34 ▶▶正解　イ

　可とう導体とは、平編組銅線でできており、変圧器・配電盤・母線間等の曲げやねじれのある接続部位に対して取り付ける接続導体である。低圧電路の短絡などによって、母線に異常な過電流が流れたとき、限流作用によって、母線や変圧器の損傷を防止する機能はない。

　よって、不適切なものは**イ**である。

問 35

▶▶正解　ハ

低圧電路の使用区分により、絶縁抵抗値が定められている（電技第58条）。

・300V 以下で対地電圧 150V 以下：0.1MΩ

・300V 以下で対地電圧 150V 超過：0.2MΩ

・300V 超過：0.4 MΩ

また、低圧電路の絶縁抵抗測定が困難な場合（停電不可など）は、漏えい電流が 1mA 以下なら絶縁が保たれていると判断している（電技解釈第 14 条第 1 項）。

よって、適切なものは**ハ**である。

問 36

▶▶正解　イ

過電流継電器 (OCR) とは過電流を検知して遮断器へと知らせる（発報）装置のことで、**限時特性**とは大きな過電流ほど早く、小さな過電流ほどゆっくり発報させることである。最小動作電流の測定と限時特性試験を行う場合、電力計は必要でない。

よって、必要でないものは**イ**である。

問 37

▶▶正解　ハ

変圧器の絶縁油の劣化診断で、アーク放電やコロナ放電が生じたら局部的な過熱が生じ、変圧器中の絶縁紙や絶縁油が分解して特有のガスが生成し内部異常の有無がわかる。

変圧器の絶縁油の劣化診断では、真空度測定は直接関係ない。

よって、直接関係ないものは**ハ**である。

問 38　▶▶正解　ニ

　電気工事士法第3条により、自家用電気工作物に係る電気工事のうち経済産業省令で定める特殊なもの（以下「特殊電気工事」という。）については、当該特殊電気工事に係る特種電気工事資格者認定証の交付を受けている者（以下「**特種電気工事資格者**」という。）でなければ、その作業に従事してはならない。

　また、電気工事士法施行規則第2条の2第1項第二号より、特種電気工事資格者認定証（非常用予備発電装置）の交付を受けている者の工事内容は、「非常用予備発電装置として設置される原動機、発電機、配電盤（他の需要設備との間の電線との接続部分を除く。）及びこれらの附属設備に係る電気工事」である。

　以上より、非常用予備発電装置の作業に従事できるのは、特種電気工事資格者である。

　よって、誤っているものは**ニ**である。

問 39　▶▶正解　ニ

　電気工事業の業務の適正化に関する法律第24条の経済産業省令で定める器具は、電気工事業の業務の適正化に関する法律施行規則第**11条**により、**一般用電気工事のみの業務を行う営業所**にあっては、**絶縁抵抗計、接地抵抗計**並びに**抵抗及び交流電圧**を測定することができる**回路計**である。

　よって、備え付けなくてもよい器具は**ニ**である。

問 40　▶▶正解　イ

　電気用品安全法の特定電気用品は、電気用品安全法施行令の別表第1から配線用遮断器である。

※特定電気用品：構造や使用の方法・状況から危険・障害の発生する
　　　　　　　　　　おそれが多い電気製品。

　よって、**イ**が正しい。

令和3年度【午後】 筆記試験問題

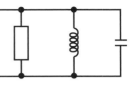

② 配線図

問 41 ▶▶ **正解 イ**

①に設置する機器は、**イ**である。

この機器は、電力会社との責任分界点の引込点に設ける高圧交流負荷開閉器の **GR 付 PAS** である。**需要家側電気設備の地絡事故**時に、**高圧交流負荷開閉器を開放**して電路を遮断することで電力会社配電線への波及事故による周囲の自家用設備や住宅、商店など**一般用電気設備の停電を防ぐ。**

問 42 ▶▶ **正解 ニ**

②で示す部分に設置する機器の図記号と文字記号の組合せは、**ニ**である。

この機器は、**地絡方向継電器で、地絡事故が需要家内か需要家外か判断**できる。

需要家の高圧ケーブル・電気機器が絶縁劣化し、アーク地絡・完全地絡を起こした際、事故を検出して遮断器へ遮断命令を送る。需要家の構内で地絡が起こった時のみ作動するため、もらい事故をする危険がない。

▶▶正解　ハ

③の部分の電線本数（心線数）は図の通り、**7 本**である。

よって、**ハ**が正しい。

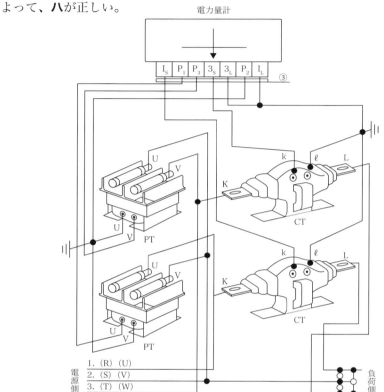

電力量計

1. (R) (U)
2. (S) (V)
3. (T) (W)

電源側　　　負荷側

▶▶正解　**イ**

④の部分に施設する機器は、**計器用変圧器 VT と一体の限流ヒューズ**で、配線図から VT を V－V 結線にして使用するので、VT は 2 台、ヒューズは 4 本である。

よって、**イ**が正しい。

▶▶正解　ハ

⑤に設置する機器の役割は、1 個の電流計で各相の電流を測定するために相を切り換える**電流計切換開閉器（AS）**である。

よって、**ハ**が正しい。

問 46　▶▶正解　ニ

⑥で示す**高圧絶縁電線（KIP）**は、公称 6.6kV キュービクル式受電設備内の高圧配線に使用される絶縁電線で、絶縁被覆はエチレンプロピレンゴム（EP ゴム）である。

よって、**ニ**が正しい。

問 47　▶▶正解　ロ

直列リアクトルは、高圧進相コンデンサの一次側に直列で接続され、進相コンデンサ投入時の**突入電流の抑制**と、コンデンサ回路を誘導性にすることによって**高調波を相殺**する働きがある。

高圧受電設備規定に「進相コンデンサには、高調波電流による障害防止及びコンデンサ回路の開閉による突入電流抑制等や、系統でよく問題になる高調波のうち、低次で含有率が最も大きい第 5 次高調波等に対して、高調波障害の拡大を防止するとともに、コンデンサの過負荷を生じないよう原則として**コンデンサリアクタンスの 6％又は13％の直列リアクトル**を施設すること」と規定されている。

よって、**ロ**が正しい。

問 48　▶▶正解　ニ

⑧の変流器は、R 相、S 相、T 相の各電流値を他の機器で使いやすい電流の値に変換する役割がある。

問題では変流器は 2 つ使われているので、2 相の電流値をそれぞれ独立して二次側に送り、二次側の回路に接地を施さなければならない。

よって、**ニ**が正しい。

問題▶ p.133 〜 135

▶▶正解　ハ

⑨で示す機器とインタロックを施す機器は、〈 c 〉の**母線連絡遮断器**である。

理由は、非常用予備発電装置が発電している電気と常用電源が電気的に接続しないようにするためである。

インタロックとは、ある一定の条件が整わないと他の動作ができなくなるような機構のことである。

よって、**ハ**が正しい。

▶▶正解　ニ

⑩で示す機器は、**電力需給用計器用変成器（VCT）**である。

計器用変圧器（VT）と**計器用変流器（CT）**を内蔵していて、**電力量計（Wh）**と組み合わせて受電設備で使用した電力を計測し電力の取引のために利用される。

よって、**ニ**が正しい。

問題▶ p.136

memo

答案用紙

一般問題	/80点	合　計
配線図	/20点	/100点

氏　　名

生　年　月　日
昭和 平成　　年　月　日

試験地

問	解答	問	解答	問	解答	問	解答	問	解答
1	㋑㋺㋩㋥	11	㋑㋺㋩㋥	21	㋑㋺㋩㋥	31	㋑㋺㋩㋥	41	㋑㋺㋩㋥
2	㋑㋺㋩㋥	12	㋑㋺㋩㋥	22	㋑㋺㋩㋥	32	㋑㋺㋩㋥	42	㋑㋺㋩㋥
3	㋑㋺㋩㋥	13	㋑㋺㋩㋥	23	㋑㋺㋩㋥	33	㋑㋺㋩㋥	43	㋑㋺㋩㋥
4	㋑㋺㋩㋥	14	㋑㋺㋩㋥	24	㋑㋺㋩㋥	34	㋑㋺㋩㋥	44	㋑㋺㋩㋥
5	㋑㋺㋩㋥	15	㋑㋺㋩㋥	25	㋑㋺㋩㋥	35	㋑㋺㋩㋥	45	㋑㋺㋩㋥
6	㋑㋺㋩㋥	16	㋑㋺㋩㋥	26	㋑㋺㋩㋥	36	㋑㋺㋩㋥	46	㋑㋺㋩㋥
7	㋑㋺㋩㋥	17	㋑㋺㋩㋥	27	㋑㋺㋩㋥	37	㋑㋺㋩㋥	47	㋑㋺㋩㋥
8	㋑㋺㋩㋥	18	㋑㋺㋩㋥	28	㋑㋺㋩㋥	38	㋑㋺㋩㋥	48	㋑㋺㋩㋥
9	㋑㋺㋩㋥	19	㋑㋺㋩㋥	29	㋑㋺㋩㋥	39	㋑㋺㋩㋥	49	㋑㋺㋩㋥
10	㋑㋺㋩㋥	20	㋑㋺㋩㋥	30	㋑㋺㋩㋥	40	㋑㋺㋩㋥	50	㋑㋺㋩㋥

このページをコピーしてお使いください。

※矢印の方向に引くと解答・解説編が取り外せます。